非计算机专业计算机公共课系列教材

C语言程序设计实验与习题

主　编　刘　英　滕　冲　周雅洁　汤　洁
副主编　高建华　张　华　关焕梅　陈　萍

武汉大学出版社

图书在版编目(CIP)数据

C语言程序设计实验与习题/刘英等主编.—武汉:武汉大学出版社,2015.1(2024.7重印)
非计算机专业计算机公共课系列教材
ISBN 978-7-307-15098-0

Ⅰ.C⋯　Ⅱ.刘⋯　Ⅲ.C语言—程序设计—高等学校—教学参考资料　Ⅳ.TP312

中国版本图书馆CIP数据核字(2015)第021643号

责任编辑:林　莉　　　责任校对:汪欣怡　　　版式设计:马　佳

出版发行:**武汉大学出版社**　（430072　武昌　珞珈山）
（电子邮箱:cbs22@whu.edu.cn　网址:www.wdp.com.cn）
印刷:武汉乐生印刷有限公司
开本:787×1092　1/16　印张:17.25　字数:438千字　插页:1
版次:2015年1月第1版　　2024年7月第11次印刷
ISBN 978-7-307-15098-0　　定价:48.00元

版权所有,不得翻印;凡购买我社的图书,如有质量问题,请与当地图书销售部门联系调换。

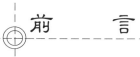

  C语言程序设计是一门逻辑性、实践性很强的课程，要学好这门课程，不仅要学概念、学方法，更要实践。只有通过实践，积累编程经验，才能真正提高程序设计的能力。

  为了适应 C 语言教学的需要，编写配套的实验教程可达到以下目的：

  (1)作为配套教程的辅助教材，可以加强学生对概念、方法和内容的巩固；有了实验教程，增强了学生对课程实践重要性的认识和投入力度。

  (2)对编程的思路、方法和技巧起指导、示范作用。

  (3)可以和其他教材配套使用，作为已有教材的辅导参考书。

  本书作为《C 语言程序设计》一书的配套教材，共分为 11 章，一共设置了 32 个实验，主要内容包括：C 语言程序开发环境和上机步骤、数据类型、运算符和表达式、基本控制语句、数组、函数、指针、字符串、结构体和共用体、文件操作等。

  书中的实验具有基础性、系统性和演练性等特点，可使读者迅速掌握 C 语言程序设计的基本技能。

  全书各章安排了大量的习题，题型包括选择题、填空题、判断题、阅读程序题和编程题，目的是让学生通过习题来巩固所学的知识，以及学习如何在程序设计中使用这些概念、语法等知识。为了方便读者同时给读者留下思考的空间，本书为除编程题以外的其他题型的题目提供了参考答案。

  本书在编写过程中，得到了武汉大学本科生院、武汉大学计算机学院和武汉大学出版社的大力支持，许多老师给予帮助并提出了宝贵意见，在此表示衷心的感谢。

  由于时间仓促，书中难免存在不足和错漏之处，竭诚希望同行专家和广大读者批评指正。

编 者
2014 年 12 月

目　录

第 1 章　熟悉 C 语言集成开发工具 ········· 1
实验 1　Visual C++ 2010 Express 的基本操作 ········· 1
实验 2　Visual C++ 6.0 的基本操作 ········· 9
常见错误 ········· 20
习题 1 ········· 20

第 2 章　基本数据类型、运算符和表达式 ········· 23
实验 1　基本数据类型 ········· 23
实验 2　运算符和表达式 ········· 25
常见错误 ········· 28
习题 2 ········· 28

第 3 章　C 语言程序设计初步 ········· 34
实验 1　putchar 函数与 getchar 函数 ········· 34
实验 2　printf 函数 ········· 35
实验 3　scanf 函数 ········· 38
常见错误 ········· 40
习题 3 ········· 41

第 4 章　选择结构程序设计 ········· 52
实验 1　if 语句 ········· 52
实验 2　switch 语句 ········· 55
实验 3　条件表达式的应用 ········· 57
常见错误 ········· 58
习题 4 ········· 59

第 5 章　循环结构程序设计 ········· 73
实验 1　循环语句的使用 ········· 73
实验 2　嵌套循环 ········· 78
实验 3　continue 和 break 语句 ········· 81
常见错误 ········· 84
习题 5 ········· 84

第 6 章　数组 ··· 100
实验 1　一维数组 ·· 100
实验 2　二维数组 ·· 102
常见错误 ··· 107
习题 6 ·· 107

第 7 章　函数 ··· 116
实验 1　函数的定义和调用 ·· 116
实验 2　数组作为函数参数 ·· 118
实验 3　变量的作用域和存储类别 ······································· 120
实验 4　大型 C 语言程序的组织 ··· 121
常见错误 ··· 121
习题 7 ·· 123

第 8 章　指针 ··· 140
实验 1　指针和指针变量 ··· 140
实验 2　指针与数组 ··· 143
实验 3　指针数组与指向指针的指针 ···································· 146
实验 4　指针与函数 ··· 148
常见错误 ··· 152
习题 8 ·· 153

第 9 章　字符串 ·· 171
实验 1　字符数组 ··· 171
实验 2　字符串指针变量 ··· 174
实验 3　字符串处理函数 ··· 176
常见错误 ··· 178
习题 9 ·· 179

第 10 章　结构体、共用体和枚举 ·· 203
实验 1　结构体 ·· 203
实验 2　单向链表 ··· 205
实验 3　共用体 ·· 205
实验 4　枚举 ··· 207
常见错误 ··· 208
习题 10 ·· 208

第 11 章　文件 ·· 228
实验 1　顺序存取文件 ·· 228

  实验2 随机存取文件 ··· 232
  常见错误 ··· 237
  习题11 ··· 237

习题参考答案 ·· 256
 习题1 参考答案 ··· 256
 习题2 参考答案 ··· 256
 习题3 参考答案 ··· 257
 习题4 参考答案 ··· 258
 习题5 参考答案 ··· 259
 习题6 参考答案 ··· 260
 习题7 参考答案 ··· 261
 习题8 参考答案 ··· 263
 习题9 参考答案 ··· 264
 习题10 参考答案 ··· 265
 习题11 参考答案 ··· 266

参考文献 ·· 268

第1章 熟悉C语言集成开发工具

实验1 Visual C++ 2010 Express 的基本操作

【实验目的】

（1）掌握在 Visual C++ 2010 Express 环境下编辑、编译、链接和运行 C 程序的方法和过程。

（2）通过创建小型的 C 语言程序，掌握 C 语言的基本特点和 C 程序的基本结构。

（3）掌握在 Visual C++ 2010 Express 环境下的基本编辑操作和修改程序的基本方法。

【要点提示】

Visual C++ 2010 Express 是微软公司推出的较新的集成开发环境的学习版。通过学习创建一个简单的项目，掌握 C 语言开发过程中的编辑、保存、编译、运行和调试等基本操作。

【实验内容】

1. C 程序上机的基本步骤

C 语言程序上机实验，就是把编写的 C 语言源程序利用计算机和 C 语言程序的开发工具，按文件运行操作的过程和要求最终获得程序执行的结果。

用 C 语言编写的程序称为源程序，将源程序保存在外存储器上称为源文件（通常扩展名为 .c 或 .cpp）。源程序文件由字母、数字和一些符号等构成，在计算机内以 ASCII 码表示。计算机是不能直接执行源文件的，必须经过编译、链接之后生成可执行文件才能被执行。

C 语言程序上机实验通常按以下步骤进行：

（1）编辑源文件

这是上机实验的第一步。编辑就是通过一种编辑软件（也称编辑器），把编写好的 C 语言源程序输入到计算机，并以文本文件的形式存储在计算机的外存储器上。编辑器一般都具有输入、修改、保存和设置文件路径等功能。编辑的结果是创建一个扩展名为 .c 或 .cpp 的 C 语言源文件。

目前用于编辑源程序文件的编辑器的种类很多，如 Windows 的记事本，字处理编辑软件 Word、WPS 和 C 语言集成开发环境 Turbo C、Quick C、VC++中提供的编辑器。

（2）编译源文件

由上一步创建的源程序文件是不能被计算机直接执行的，接下来需要对源程序文件进行编译操作。编译源程序文件就是把源文件翻译成计算机能够识别的目标代码，并由此生成一个与源程序文件相对应的目标文件。在编译过程中，编译器首先要检查源程序中是否存在语法和词法错误，如果有错，则会在输出窗口显示错误信息。此时，必须再次打开编辑器对源程序中的错误进行修改。修改后再进行编译，直至排除源程序中的所有错误之后，编译的结果是生成一个与源程序文件相对应的目标文件。目标文件的扩展名为.obj。如源程序文件名为myfile.cpp，则编译生成的目标文件名为myfile.obj。

（3）链接目标文件

虽然编译生成的目标文件已经是机器语言代码，但它还不是一个完整的可执行文件。目标文件中还缺少两个元素：一个是启动代码，另一个是库函数代码。启动代码相当于程序和操作系统之间的接口；所有C语言程序都需要使用系统提供的标准库函数中的函数，而目标文件中并不包含这些函数。链接就是将这三者（目标文件、启动代码和库函数代码）链接在一起，并将它们放在一个文件中，即可执行文件。可执行文件的扩展名为.exe。如源程序文件名为myfile.cpp，编译生成的目标文件名为myfile.obj，则链接生成的可执行文件名为myfile.exe。

（4）运行可执行文件

即执行由链接目标模块生成的可执行文件，查看程序运行的结果。在不同的系统中运行程序的方式可能不同，例如在Windows和Linux的控制台中，要运行某个程序，只需输入相应的可执行文件名称即可。而在Windows的资源管理器中，可以通过双击可执行文件名和图标来运行程序。

运行可执行文件是C语言程序上机实验的最后一步。但是，要想一次性得到程序的正确结果往往是困难的，还需要对程序进行若干次的调试和修改。修改后再重新进行编译、链接、运行，直至得到正确的结果。

2. Visual C++ 2010 Express 的简介和启动

Visual Studio是微软公司推出的开发环境。是目前最流行的Windows平台应用程序开发环境。Visual Studio 2010（简称VS2010）版本于2010年4月12日上市，其集成开发环境（IDE）的界面简单明了，使用方便，熟悉VS2010开发环境，可方便后续进行Windows和Web应用程序的学习和开发。

VS2010目前有五个版本：专业版（Professional）、高级版（Premium）、旗舰版（Ultimate）、学习版（Express）和测试专业版（Test Professional）。其中，VS2010 Express（学习版）是一个轻量级版本，可免费注册。

可以在微软官方网站下载VS2010 Express，完整的VS2010 Express支持Visual C++、Visual C#、Visual Basic和Web开发。下载安装后需免费注册，运行VS2010 Express后，执行"帮助"菜单中的"注册产品"命令可进行注册。

本课程实验使用Visual C++ 2010 Express，在本教材中简称VC2010。本次实验主要学习Visual C++ 2010 Express的基本操作，并完成后续实验内容。

单击"开始菜单"/"所有程序"/"Microsoft Visual Studio 2010 Express"中的"Microsoft Visual C++ 2010 Express"快捷方式即可运行。

3. 认识Visual C++ 2010 Express主窗口

启动Visual C++ 2010 Express之后，屏幕上就会出现如图1-1所示的窗口。

Visual C++ 2010 Express主窗口包括以下部分：

第1章 熟悉C语言集成开发工具

图 1-1　Visual C++ 2010 Express 窗口

- 菜单栏

默认包括 7 个菜单："文件"、"编辑"、"视图"、"调试"、"工具"、"窗口"和"帮助"，新建项目后多一个"项目"菜单。

- 开始页

用来新建项目或打开最近使用过的项目。

- 工具栏

常用的菜单命令。

- 解决方案资源管理器

解决方案资源管理器提供项目及其文件的有组织的视图，并且提供对项目和文件相关命令的便捷访问。若要打开或关闭"解决方案资源管理器"窗口，请在"视图"菜单上选择"解决方案资源管理器"。

- 输出框

显示调试或生成的结果，可在此查看程序生成失败提示的各类错误。

4. 创建一个简单的 C 程序

在 VS2010 中，为了使集成开发环境（IDE）能够应用它的各种工具、设计器、模板和设置，Visual Studio 实现概念上的容器(称为解决方案和项目)。解决方案可以包含一个或多个项目。而一个项目通常包含多个项。这些项表示创建应用程序所需的文件、引用、数据链接和文件夹。

创建新项目时，Visual Studio 会自动生成一个解决方案。在本实验中，创建只包含一个程序源文件的简单项目。操作过程如下：

（1）新建项目

单击"文件"菜单中的"新建"、"项目…"命令；或者在"开始页"中单击"新建项目"。打开的"新建项目"窗口，如图 1-2 所示。

在"新建项目"窗口中，选择模板类型为"Visual C++"；项目类型为"Win32 控制台应用程序"；在窗口下部的项目名称输入框中，填写项目名称，例如 example1；单击"浏览…"按

图 1-2 "新建项目"窗口

钮，设置项目的保存位置，最后单击"确定"按钮。

在图 1-3 中单击"下一步"按钮，在弹出的对话框(如图 1-4)中选择"控制台应用程序"和"空项目"，再单击"完成"按钮。

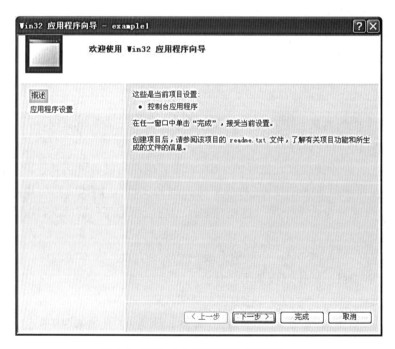

图 1-3 "Win32 应用程序向导"窗口一

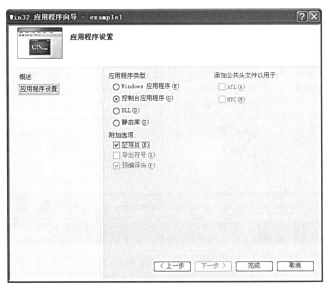

图1-4 "Win32应用程序向导"窗口二

（2）添加源文件

新建"空项目"后，在窗口左侧的"解决方案资源管理器"中，在名为"源文件"的文件夹图标上单击鼠标右键，再依次单击选择"添加"/"新建项"菜单项，如图1-5所示。

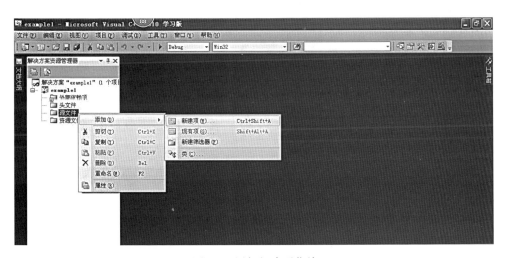

图1-5 添加新建项菜单

单击选择"新建项"后，弹出如图1-6所示的对话框，选择文件类型为"C++文件"，在名称输入框中填入文件名，例如"a.c"。注意，这里文件的后缀名一定要是".c"，再单击"添加"按钮。

这样，只有一个空白源文件的新项目就建好了。

（3）编辑源文件

在源文件的编辑窗口中输入一个程序，如图1-7所示，或教材中的示例程序。

图 1-6　添加新建项窗口

图 1-7　编写程序

(4) 保存项目

在 Visual C++ 2010 Express 中，运行程序时，系统会自动先保存项目。也可以执行"文件"菜单中的"全部保存"命令进行手动保存。

(5) 编译和链接

源文件是高级语言编写的程序，必须经过编译和链接转化为机器语言的可执行文件才能执行，在 Visual C++ 2010 Express 中，运行程序时，系统会自动先进行编译和链接，如果生成失败，将停止运行。也可以执行"调试"菜单中的"生成解决方案"命令进行手动操作。

(6)运行程序

运行项目最好使用快捷键"Ctrl+F5",这样会执行"开始执行(不调试)"命令。运行程序后,系统会自动在运行结束前暂停关闭运行窗口,并提示"请按任意键继续…",方便查看结果,如图 1-8 所示。在 Visual C++ 2010 Express 中,还可以通过快捷键"F5"运行程序,这样会执行"开始执行(调试)"命令,可以利用断点和单步跟踪等调试手段来调试程序。

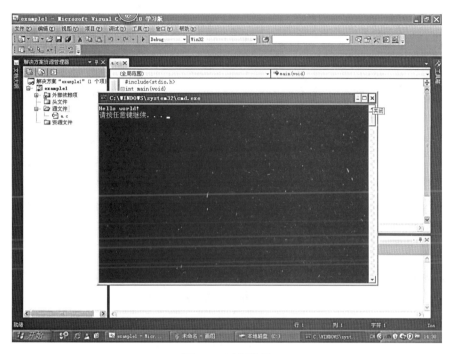

图 1-8　运行结果

在运行过程中,如果出现如图 1-9 所示的窗口提示,表明项目发生了更改,需要重新生成,选择"是"重新生成可执行文件即可。

图 1-9　重新生成的提示窗口

(7) 修改程序错误

在编译源文件时，编译器能及时检查出程序中的语法错误，一旦出现错误，将不会生成可执行文件，并且在窗口右下部的输出栏中报告错误，如图 1-10 所示。这时可以通过双击某条错误来定位错误的位置，并根据错误提示的原因，加以修改，修改后，再次运行。

图 1-10　错误提示

编译器给出的错误提示有两类：一类称为"error（错误）"，另一类称为"warning（警告）"。编译器发现错误（error）就不会生成目标文件，所以把这一类错误称为"致命性错误"，必须找到并改正。而警告属于"轻微性错误"，如果程序代码中只是出现这一类错误，编译器仍然可以生成目标文件，也不会影响链接，但在运行时可能会出错。因此，严格地讲应该修改程序代码直至既无致命错误，也无警告。

对于逻辑错误编译器就无能为力了，大多数情况下需要通过跟踪程序的执行过程，观察和分析程序执行的中间结果才能找到错误位置。Visual C++ 2010 Express 支持调试，方法是执行"调试"菜单下的"启动调试"命令。调试前设置断点，让程序执行过程中执行到断点处暂停；在运行中单步跟踪，每执行一条语句就暂停。然后通过查看变量值的变化观察程序执行的阶段性结果。有关这些调试方法的具体操作请读者查阅相关资料，这里不再详述。

(8) 关闭项目

程序编写完成后，如果要继续编写新的程序，最好先关闭当前项目，再新建新的项目。关闭项目的方法是执行 Visual C++ 2010 Express 的"文件"菜单中"关闭解决方案"命令。

(9) 打开项目

如果想打开一个已存在的项目，可以按以下两种方法之一操作：

1) 选择"文件"菜单中的"打开"、"项目/解决方案…"。

2) 在磁盘目录中找到要打开的项目，直接双击项目解决方案文件（后缀名为 .sln），如图 1-11 所示。

(10) 较大型 C 语言程序的组织

在教材第 7 章中，介绍了代码较多、比较复杂的程序的编写。对于较大型的程序，编写时可以将代码按模块化的思想分割存放在多个文件中。基本方法和本实验中这个简单程序一样，区别是需要重复本实验中的第 2 步（图 1-5 和图 1-6）来添加多个文件。但需要注意的是 Visual C++ 2010 Express 一个项目对应的是一个程序，所以一个项目中即使有多个文件，所有文件中有且仅有一个主函数 main( )。这点一定要注意。

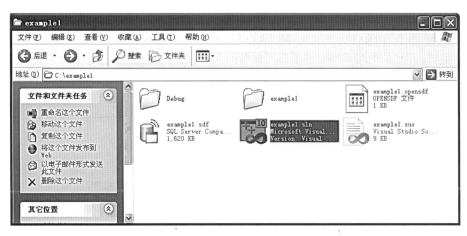

图 1-11　双击文件打开项目

实验 2　Visual C++ 6.0 的基本操作

【实验目的】

（1）掌握在 Visual C++ 6.0 环境下编辑、编译、链接和运行 C 程序的方法和过程。

（2）通过创建小型的 C 语言程序，掌握 C 语言的基本特点和 C 程序的基本结构。

（3）掌握在 Visual C++ 6.0 环境下的基本编辑操作和修改程序的基本方法。

【要点提示】

Visual C++ 6.0 是微软公司推出的较早期的可视化程序开发工具，是一个学习 C 语言的经典工具。通过学习创建一个简单的工程（项目），掌握 C 语言开发过程中的流程和具体操作。

【实验内容】

Visual C++（简称 VC）是 Microsoft 公司推出的可视化程序开发工具，可以方便地完成对 C/C++ 应用程序的开发。本项实验主要学习 Visual C++ 6.0 的基本操作，并完成以下实验内容：

1. 启动 VC 6.0

如果计算机上已经安装了 VC 6.0，要启动 VC 6.0 可按以下方法操作：

方法 1：单击 Windows XP "开始"按钮，选择"程序"→"Microsoft Visual Studio 6.0"→"Microsoft Visual C++ 6.0"，即可启动 VC 6.0。

方法 2：也可以在桌面上创建 VC 6.0 的快捷方式，双击该快捷方式的图标，即可启动 VC 6.0。

2. 认识 VC6.0 主窗口

启动 VC 6.0 后，屏幕上出现 VC 6.0 的主窗口，如图 1-12 所示。

VC 6.0 主窗口包括以下部分：

- 菜单栏

包含"文件"、"编辑"、"查看"、"插入"、"工程"、"组建"、"工具"、"窗口"、"帮助"等 9 个菜单标题。每个菜单标题包含一系列菜单项，代表一类用户操作。

- 工具栏

VC 6.0 提供了 11 种工具栏，每种工具栏代表一类特定的操作。显示或关闭工具栏可以通过在菜单栏或工具栏的空白区单击鼠标右键，在弹出的菜单中选择要显示或关闭的工具栏名称。"标准"工具栏和"组建"工具栏为默认工具栏，即当启动 VC 6.0 时这两个工具栏就会显示在屏幕上。

- 工作区窗口

用来显示所设定工作区的信息。如图 1-12 中没有打开某工作区，所以没有任何信息。

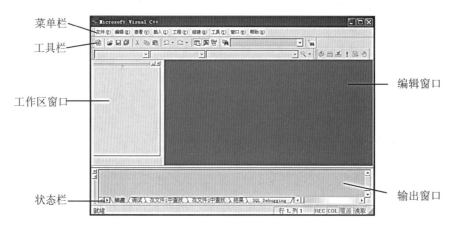

图 1-12　VC 6.0 主窗口

- 编辑窗口

用来输入和编辑程序代码的区域。每个源程序文件将占据一个独立的编辑窗口，用户可以在该窗口单击鼠标右键，在弹出的快捷菜单中执行一些常用的编辑操作。

- 输出窗口

用于显示编译、链接和调试等详细信息。

- 状态栏

显示操作提示信息和编辑状态。

3. 创建一个简单的 C 程序

简单的 C 语言程序只包含一个源文件。要新建一个 C 程序源文件可按以下步骤操作：

(1) 新建源文件

1) 选择"文件"菜单下的"新建…"菜单项，在打开的"新建"对话框中单击"文件"标签，如图 1-13 所示。

2) 在左边列表框中选择"C++ Source File"；在右边的"文件名"文本框中输入新建文件

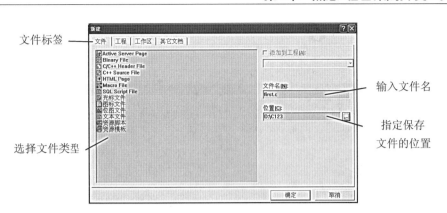

图 1-13　新建对话框

名,如 first.c,其中".c"是指定源文件的扩展名。如不指定文件扩展名,系统为源文件自动添加默认扩展名".cpp"。

3)在"位置"文本框中输入源文件的存放路径,如 d:\c123。要确保该路径存在,否则新建失败。也可以点击该文本框右边的"..."按钮,在打开的"选择目录"对话框(图 1-14)中直接选择存放位置。

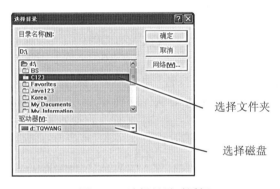

图 1-14　选择目录对话框

4)单击"选择目录"对话框和"新建"对话框中的"确定"按钮,即可在指定位置新建一个源文件,并打开一个文本编辑窗口(文本编辑器),如图 1-14 所示。

(2)编辑源文件

在打开的文件编辑窗口中输入程序代码。若输入以下程序代码,则出现图 1-15 所示图形:

```
#include<stdio.h>
int main(void)
{
    printf("-----------------\n");
    printf("   C Programming\n");
    printf("-----------------\n");
```

```
        return 0;
    }
```

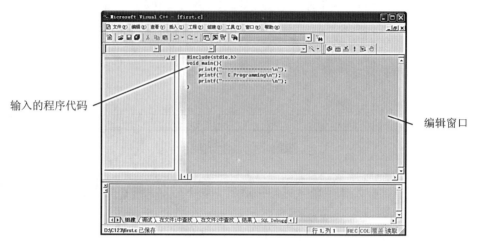

图 1-15　编辑文件

在 VC 6.0 中打开文本编辑器非常简单，新建一个文本文件或打开一个已存在的文本，文件文本编辑器就会自动启动。由于完全是 Windows 界面的，所以在文本编辑窗口编辑文件非常方便，如复制、剪切、粘贴、插入、查找等功能的操作与 Microsoft Word 非常相似。

（3）保存源文件

在编辑窗口输入源程序后，选择"文件"菜单下的"保存"菜单项或单击"标准"工具栏中的"保存"按钮，新建的源程序文件 first.c 就保存到 d:\c123 位置。

VC 6.0 文件保存菜单项包括"保存"、"另存为"和"保存全部"三个菜单项。其中：

"保存"菜单项用于保存当前编辑的文件。

"另存为"用于将当前编辑的文件以新的文件名或在新的位置保存。

"保存全部"用于保存所有打开的文件。

（4）编译源文件

选择"组建"菜单下的"编译[first.c]"菜单项，对 first.c 文件进行编译。此时会在输出窗口显示编译结果。如果源程序正确，则生成一个目标文件（扩展名为 .obj）。如果源程序有错，则在输出窗口显示出错信息。

注意：在选择"编译[first.c]"菜单项后，VC 6.0 会弹出一个询问对话框，如图 1-16 所示。意思是："需要有一个活动项目工作区才能执行编译命令，是否创建一个默认的项目工作区？"，这里选择"是"。

（5）链接目标文件

目标文件还需要通过链接才能生成可执行文件。选择"组建"菜单下的"组建[first.exe]"菜单项，将启动模块、库模块和目标模块链接。链接信息显示在输出窗口，如果链接无误，则生成一个可执行文件（扩展名为 .exe）。

如果编译和链接均正确无误，VC 6.0 将会在源程序文件所在的路径下新建一个 Debug 文件夹，在该文件夹中可以找到编译生成的目标文件（first.obj）和链接生成的可执行文件（first.exe）。

图 1-16　创建默认项目工作区对话框

以上编译和链接两步可以并为一步来操作。选择"组建"菜单下的"组建"菜单项即可完成编译和链接。

(6) 运行可执行文件

选择"组建"菜单下的"执行[first.exe]"菜单项，即可运行当前可执行文件。VC6.0 将打开一个控制台窗口(或命令提示符窗口)，在其中运行可执行文件，并显示运行结果，如图 1-17 所示。VC 6.0 自动在运行输出结果的最后一行添加一条提示信息："Press any key to continue(按任意键继续)"，即按任意键后关闭该窗口。

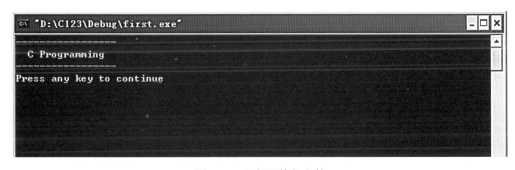

图 1-17　运行可执行文件

(7) 调试和修改程序

在编写或编辑程序过程中不免会有错误，调试就是要发现这些可能的错误并加以改正。VC 6.0 编译器能帮助程序员检查出程序中的语法错误，只要发现有错，就会在输出窗口给出错误提示信息。

例如，在 first.c 源文件的编辑窗口中，把倒数第 2 行末尾的分号删除，然后编译该文件，编译后就会在输出窗口显示编译错误提示信息，如图 1-18 所示。可以看出，编译器检查出程序中有一处有错，并给出编译错误提示信息："syntax error : missing ';' before '}'"。

要找出程序中与错误提示信息所对应的出错位置，只需在一条错误提示信息上双击鼠标，VC6.0 将在输出窗口高亮显示该行提示信息，并切换到出错的源文件的编辑器窗口，然后在发现错误的代码行的前面作上标记，如图 1-19 所示。

编译器给出的错误提示有两类：一类称为"error(错误)"，另一类称为"warning(警告)"。编译器发现错误(error)就不会生成目标文件，所以把这一类错误称为"致命性错误"，必须找到并改正。而警告属于"轻微性错误"，如果程序代码中只是出现这一类错误，编译器仍然可以生成目标文件，也不会影响链接，但在运行时可能会出错。因此，严格地讲应该修改程序代码直至既无致命错误，也无警告。

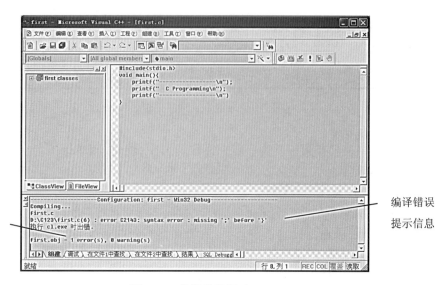

图 1-18　编译错误提示

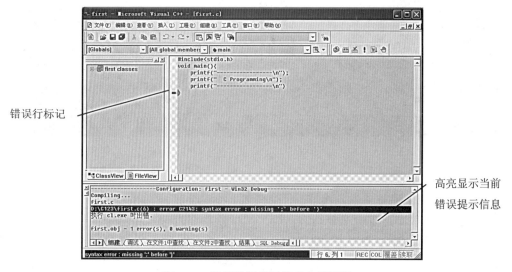

图 1-19　编译错误提示信息与错误行

有了编译器的错误提示信息，找到编译错误相对较容易。但是，对于逻辑错误和运行错误编译器就无能为力了，大多数情况下需要通过跟踪程序的执行过程，观察和分析程序执行的中间结果才能找到错误位置。VC 6.0 支持以下调试方法：

1）让程序执行到特定的位置时暂停，以便观察阶段性结果。

2）在监视窗口中添加变量，以便观察程序执行过程中这些变量值的变化。

3）单步执行或者跟踪执行某些可能有问题的语句。

对于这些调试方法的具体操作请读者查阅相关资料，这里不再详述。

4. 打开/关闭工作区

在 VC 6.0 中是通过项目工作区来组织和管理各类文件的，要查看、编辑或修改文件首先要打开项目工作区，然后再打开项目工作区中指定的文件。使用后关闭工作区。

选择"文件"菜单下的"打开工作空间"菜单项，在弹出的"打开工作区"对话框中选定项目工作区文件(扩展名为.dsw)，即可打开项目工作区。

选择"文件"菜单下的"关闭工作空间"菜单项，关闭项目工作区。

5. 创建包含多个文件的程序

前面介绍的是最简单的情况，即一个程序中只包含一个源文件。随着程序结构和开发规模的扩大，一个程序中可能会包含多个源文件。如果一个程序包含多个源文件，则需要创建一个项目(Project)，然后在这个项目中添加多个文件(包括源文件和头文件)。

项目是放在工作区中的，因此还要创建工作区。在 VC 6.0 中，一个工作区可以包含多个项目，一个项目对应一个程序，一个程序(项目)可以包含多个文件。

在包含多个源文件的项目中，VC6.0 对项目中的每个文件分别进行编译，生成各自的目标文件；再把所得到的目标文件、标准库函数在库文件中的目标代码和启动代码链接起来，生成一个可执行的文件；最后运行可执行文件。

创建包含多个文件的 C 程序，通常使用以下两种方法：

方法 1：先创建空的工作区，然后创建项目并添加到当前工作区。

方法 2：直接创建项目，由 VC 6.0 自动创建工作区。

由于第 2 种方法直接、简单，下面介绍使用第 2 种方法创建包含多个文件的 C 程序的具体操作过程。

(1) 新建项目

新建项目步骤如下：

1) 选择"文件"菜单下的"新建…"菜单项，打开"新建"对话框，如图 1-20 所示。

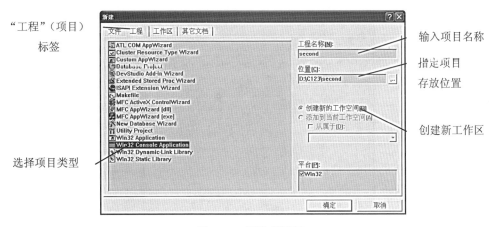

图 1-20　新建对话框

2) 单击"工程"标签，在左边的项目类型列表框中选择"Win32 Console Application"，即创建 Win32 控制台应用程序(控制台是指 Windows XP 的命令提示符窗口，在其中可以运行 DOS 程序)。在右边的"工程名称"文本框中输入新项目的名称，例如 second。

3) 在"位置"文本框中指定新项目存放的路径，例如 d:\c123。同时，VC 6.0 会在"位置"文本框中自动加上新建项目名，即完整的新项目存放路径为：d:\c123\second。可以看到：在右边中间的单选按钮处默认选定了"创建新的工作空间"，VC 6.0 会自动为新项目创建工作区。

4）单击"确定"按钮，打开"Win32 Console Application - 步骤 1 共 1 步"对话框，如图 1-21 所示。

5）选择"一个空工程"单选按钮后单击"完成"按钮，出现"新建工程信息"对话框，如图 1-22 所示。在该对话框中可以看到新建项目的类型和位置。单击"确定"按钮，VC 6.0 将创建 d:\c123\second 文件夹，并创建工作区文件 second.dsw 和项目文件 second.dsp。然后返回到 VC 6.0 主窗口，如图 1-23 所示。

图 1-21 控制台应用程序创建向导

图 1-22 新建工程信息对话框

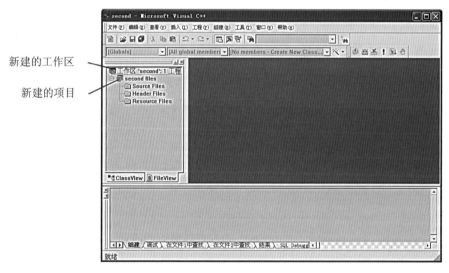

图 1-23 新建的工作区与项目

6）单击工作区窗口中的"FileView（文件视图）"标签，窗口内有一个树型结构。根节点为新创建的工作区名称 second，工作区的子结点为其所包含的项目，现有 1 个项目 second。

每个项目中通常包含"Source Files（源文件）"、"Header Files（头文件）"和"Resource Files

(资源文件)"，现在项目中不包含任何文件。

（2）为项目添加源文件

现在往项目 second 中添加两个源文件，可以采用两种方法：

方法 1：创建新文件，并添加到项目中。

方法 2：往项目中添加已创建好的文件。

例如，使用方法 1 创建新文件 file1.c，并将其添加到项目 second 中，步骤如下：

1) 选择"文件"菜单下的"新建…"菜单项，在打开的"新建"对话框中单击"文件"标签，如图 1-24 所示。

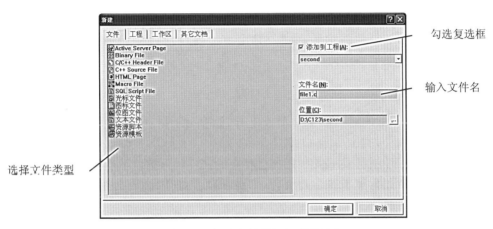

图 1-24 新建文件并添加到项目中

2) 在左边的列表框中选择"C++ Source File"类型，勾选右边的"添加到工程"复选框，然后在下拉列表框中选择要添加到的项目 second。在"文件名"文本框中输入文件名 file1.c。

3) 单击"确定"按钮，返回到 VC 6.0 主窗口，如图 1-25 所示。

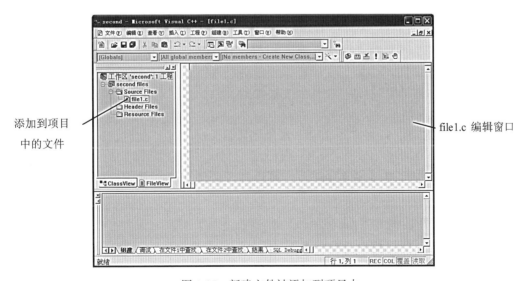

图 1-25 新建文件被添加到项目中

4) 在工作区窗口中点击"Source Files"节点前面的"+"。将"Source Files"展开后就可以看到新添加进来的文件的文件名 file1.c，同时 VC 6.0 也打开了该文件的编辑窗口。

5) 在编辑窗口输入程序代码。如输入以下程序代码：

```
#include<stdio.h>
int max(int,int);
int main(void)
{
    int a,b,m;
    a=225;
    b=350;
    m=max(a,b);
    printf("m=%d\n",m);
    return 0;
}
```

6) 选择"文件"菜单下的"保存"菜单项或单击"标准"工具栏中的"保存"按钮，将源程序文件 file1.c 保存到 d：\c123\second 中。

如果使用方法 2，往项目 second 中添加已存在的文件，可按以下步骤操作：

1) 选择"工程"→"增加到工程"→"文件…"菜单项，打开"插入文件到工程"对话框，如图 1-26 所示。

图 1-26　插入文件到工程对话框

2) 在"插入文件到工程"对话框中找到要添加的文件（也可以同时添加多个文件），例如选择文件 file2.c。

3) 单击"确定"按钮，即将文件 file2.c 添加到项目 second 中。此时，屏幕返回到 VC6.0 主窗口。

4) 在工作区窗口中双击文件名 file2.c，可以打开文件 file2.c 的编辑窗口。file2.c 的源程序代码如下：

```
int max(int x,int y){
    return (x>y? x:y);
}
```

5) 双击文件名 file1.c 和 file2.c，可以在 file1.c 和 file2.c 编辑窗口之间进行切换，如图 1-27 所示。

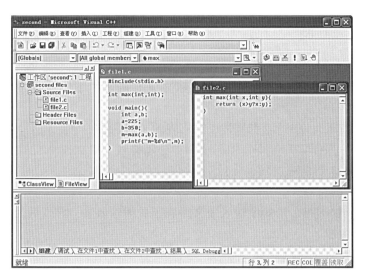

图 1-27　包含两个文件的项目

注意：对于往项目中添加已存在文件的操作，只是一种逻辑上的添加，实际文件仍然在原来的位置。

(3) 编译和链接

对于包含多个源文件的项目，应分别对各源文件进行编译，只有当各源文件编译无误之后，才能链接生成可执行文件。操作方法如下：

1) 在工作区窗口中双击文件名 file1.c，选择"组建"菜单下的"编译[file1.c]"菜单项，对 file1.c 文件进行编译。如果源程序正确，则生成一个目标文件 file1.obj。

2) 在工作区窗口中双击文件名 file2.c，选择"组建"菜单下的"编译[file2.c]"菜单项，对 file2.c 文件进行编译。如果源程序正确，则生成一个目标文件 file2.obj。

3) 选择"组建"菜单下的"组建[second.exe]"菜单项，将启动模块、库模块和 file1.obj、file2.obj 目标模块链接。如果链接无误，则生成一个可执行文件 second.exe（实际上该项操作可以完成对项目中各源文件的编译和链接）。

(4) 运行可执行文件

选择"组建"菜单下的"执行[second.exe]"菜单项，即运行可执行文件 second.exe。程序运行输出结果如图 1-28 所示。

图 1-28　程序运行结果

常见错误

1. 系统函数或关键字输入错误。
例如：主函数写成了 mian，printf 输出函数写成了 print。
2. 遗漏必要的符号。
例如：printf("OK")；中的双引号是成对出现的，遗漏了一个。
　　　 inta, b；关键字和标识符中间遗漏了分隔符号空格。
　　　 return 0 语句结束遗漏了分号。
3. 输入了中文的符号。
例如：printf("中国")；语句中输入中文后忘了关闭输入法，导致后面出现中文的符号。

习题 1

一、单项选择题

1. 关于程序的说法正确的是_____。
　(A)源程序是指由二进制 0 和 1 构成的代码
　(B)程序就是人与计算机进行"交流"的语言
　(C)指令就是"程序"
　(D)程序的设计形式是一致的
2. C 语言是在_____语言的基础上产生的。
　(A) A　　　　(B) B　　　　(C) D　　　　(D) C#
3. 最初开发 C 语言是为了编写_____操作系统。
　(A) Windows　　(B) DOS
　(C) UNIX　　　 (D) Linux
4. 不属于 C 语言特点的是_____。
　(A) C 语言具有可移植性　　　　(B) C 语言是一种面向对象程序设计语言
　(C) C 语言具有自我扩展能力　　(D) C 语言程序执行效率较高
5. C 语言具有低级语言的能力，主要指的是_____。
　(A)程序的可移植性
　(B)具有控制流语句
　(C)能直接访问物理地址，可进行位操作
　(D)具有现代化语言的各种数据结构
6. C 语言程序的基本单位是_____。
　(A)程序　　　(B)语句　　　(C)字符　　　(D)函数
7. C 语言可执行程序的开始点为_____。
　(A)程序中第一条可执行语句　　(B)程序中第一个函数
　(C)程序中的 main 函数　　　　 (D)包含文件中的第一个函数
8. 用 C 语言编写的源代码程序_____。
　(A)可立即执行　　　　　　　　(B)是一个源程序

(C)经过编译即可执行　　　　　　(D)经过编译解释才能执行
9. 以下叙述中正确的是_____。
   (A)C语言的源程序不必通过编译就可以直接运行
   (B)C语言中的每条可执行语句最终都将被转换成二进制的机器指令
   (C)C语言源程序经编译形成的二进制代码可以直接运行
   (D)C语言中的函数不可以单独进行编译
10. C语言编译程序的首要工作是_____。
    (A)检查C语言程序的语法错误
    (B)检查C语言程序的逻辑错误
    (C)检查C语言程序的完整性
    (D)生成目标文件
11. 经过链接生成的可执行文件的扩展名是_____。
    (A).c　　　　(B).exe　　　　(C).o　　　　(D).obj
12. 不属于C语言集成开发环境包含的程序是_____。
    (A)编辑程序　　　　　　　　　(B)编译程序
    (C)汇编程序　　　　　　　　　(D)调试程序
13. 以下叙述中正确的是_____。
    (A)C语言程序中注释部分可以出现在程序中任意合适的地方
    (B)大括号"{"和"}"只能作为函数体的定界符
    (C)构成C语言程序的基本单位是函数,所有函数名都可以由用户命名
    (D)分号是C语句之间的分隔符,不是语句的一部分
14. 在一个C语言程序中_____。
    (A)main函数必须出现在所有函数之前
    (B)main函数没有固定位置
    (C)main函数必须出现在所有函数之后
    (D)main函数必须出现在固定位置
15. 结构化程序设计所规定的三种基本控制结构是_____。
    (A)输入、处理、输出　　　　　(B)树形、网形、环形
    (C)顺序、选择、循环　　　　　(D)主程序、子程序、函数
16. 要把高级语言编写的源程序转换为目标程序,需要使用_____。
    (A)编辑程序　　(B)驱动程序　　(C)诊断程序　　(D)编译程序
17. 下列有关注释的说法错误的是_____。
    (A)注释越多,编译后的可执行文件越大
    (B)注释不会被编译和执行
    (C)注释是帮助阅读程序的说明文字
    (D)注释分为单行注释和跨行注释
18. 下列做法中,_____不是为了增加程序的可读性。
    (A)编写程序时最好采用"缩进"方式
    (B)在程序中的适当位置增加注释
    (C)调用了库函数,应在程序前用#include包含其声明所在的头文件

（D）标识符取名应符合"见名知意"的原则
19. 计算机能直接识别并执行的语言是_____。
    （A）机器语言　　（B）汇编语言　　（C）高级语言　　（D）伪代码
20. 以下为非法用户标识符的是_____。
    （A）student2　　　　　　　　　（B）2student
    （C）student_ 2　　　　　　　　（D）_ student2

二、填空题

1. 把高级语言转换成机器语言的程序被称作_____。
2. C 语言程序的代码通常使用_____程序输入到计算机中。
3. ANSI C 是 C 语言的第一个标准，一般称为_____，目前最新的修改版本是_____。
4. 程序调试的主要目的是为了_____。
5. C 语言程序除复合语句外，每条语句必须以_____结尾。
6. _____函数用于在屏幕上显示输出。
7. _____函数用于输入数据。
8. 在头文件_____中包含了标准输入输出库函数的声明。
9. 一个函数定义包括函数头和_____。
10. C 语言程序的基本模块是_____。

三、判断题

1. C 语言只能用来编写操作系统。（　　）
2. 用机器语言编写的程序依赖于具体的机器，不具备可移植性。（　　）
3. 链接器只是把编译生成的目标代码链接起来生成可执行代码。（　　）
4. 一个 C 语言程序只要编译和链接没有错误，程序运行结果就肯定正确。（　　）
5. main( ) 函数是程序执行的起点。（　　）
6. C 语言程序中的一行可以有多条语句。（　　）
7. 一个 C 语言程序可以包含多个函数，但只能有一个 main( ) 函数。（　　）
8. C 语言程序中可以包含多个预处理命令。（　　）
9. 在 C 语言程序中，注释说明只能位于一条语句的后面。（　　）
10. C 语言程序执行效率高，但可移植性差。（　　）

四、编程题

1. 使用 printf( ) 函数按下面的形式显示，其中姓名可替换为自己的。
```
* * * * * * * * * * * * * * * * * * * * * * * * * *
          My name is Abc.
* * * * * * * * * * * * * * * * * * * * * * * * * *
```
2. 使用 printf( ) 函数按下面的形式显示。
```
    *
   * * *
  * * * * *
```

第2章 基本数据类型、运算符和表达式

实验1 基本数据类型

【实验目的】

(1) 掌握 C 语言中常量和变量的基本概念及书写形式。

(2) 掌握 C 语言基本数据类型数据的表示、存储和使用。

(3) 重点掌握变量的定义、初始化和不同进制数的输入、输出。

【要点提示】

(1) 变量遵循先定义后使用的原则。定义变量时要选对数据类型说明符,如果把大的数据装入容量较小的类型的变量中,可能会造成溢出,数据失真。

(2) 常量在书写时注意语法。

(3) 不同数据类型的数据,其在输入输出函数中对应的格式字符不同。

【实验内容】

1. 设有整型变量 a=33、字符型变量 b 等于字母 B、单精度实型变量 c=211.5、双精度实型变量 d=211.5,编程输出变量 a、b、c、d 的值和 a 与 b 的和、差、积和商。

【算法设计提示】

根据 C 语言程序中"变量先定义,后使用"的规则,首先按变量定义语句形式定义变量,然后按基本数据类型常量的表示形式为变量赋值,最后使用标准输出函数 printf( ) 输出变量和表达式的值。

请根据题意和算法设计,在下面程序的下画线处填空以完成程序,注意,一个下画线处也可能需要填写多条语句。

```
#include<stdio.h>
int main(void)
{
    int a;
    char b;
    /*定义变量 c 和 d,请将此处代码补充完整*/
    _____
    _____
    a=33;
    b='B';
    /*为变量 c 和 d 赋值,请将此处代码补充完整*/
```

```
        printf("a=%d\nb=%c\nc=%f\nd=%f\n",a,b,c,d);
        printf("a+b=%d\n",a+b);
        printf("a-b=%d\n",a-b);
        printf("a*b=%d\n",a*b);
        /*输出变量 a 与 b 的商,请将此处代码补充完整*/
        _____
        return 0;
    }
```

2. 输出整数的不同进制的表示及其转换。

【算法设计提示】

在 C 语言中,整型数有三种表示形式:十进制整型数形式,八进制整型数形式和十六进制整型数形式。十进制整型数形式用(0~9)10 个数字表示;八进制整型数以 0 开头,用(0~7)8 个数字表示;十六进制整型数以 0X 或 0x 开头,用(0~9)10 个数字、A~F 或 a~f 字母表示。

请根据题意和算法设计,在下面程序的下画线处填空以完成程序,注意,一个下画线处也可能需要填写多条语句。

```
#include<stdio.h>
int main(void)
{
        printf("%d,%o,%x\n",225,225,225);
        printf("%d,%o,%x\n",0133,0133,0133);
        /*输出整数 0x65 的十进制、八进制和十六进制形式,请将此处代码补充完整*/
        _____
        return 0;
    }
```

3. 将英文单词 welcome 译成密码。加密规则是将单词中的各个字母用其后面的第 2 个字母代替,再输出。

【算法设计提示】

由于字符是按 ASCII 码(整数)值存储的,所以字符常量可以像整数一样参与相关运算。例如,'A'+32 等价于 65+32=97,即为字母 a 的 ASCII 值。

请根据题意和算法设计,在下面程序的下画线处填空以完成程序,注意,一个下画线处也可能需要填写多条语句。

```
#include<stdio.h>
int main(void)
```

```
    char a,b,c,d,e,f,g;
    a = 'w'+2;
    b = 'e'+2;
    c = 'l'+2;
    d = 'c'+2;
    /* 请将此处代码补充完整 */
    _____
    _____
    _____
    printf("%c%c%c%c%c%c%c\n",a,b,c,d,e,f,g);
    return 0;
}
```

4.编程完成三角函数中角度与弧度之间的转换。

【算法设计提示】

在 C 语言中,求三角函数值时角度必须转换为弧度。以下程序要求输入一个角度,输出它对应的弧度。

请根据题意和算法设计,在下面程序的下画线处填空以完成程序,注意,一个下画线处也可能需要填写多条语句。

```
#include<stdio.h>
#define PI 3.1415926
int main(void)
{
    double de,ra;
    printf("\n请输入一个角度:");
    scanf("%lf",&de);
    /* 请将此处代码补充完整 */
    _____
    printf("%f 度角转换为弧度是:%f\n",de,ra);
    return 0;
}
```

实验 2 运算符和表达式

【实验目的】

(1)掌握 C 语言基本运算符和表达式的运算功能、书写形式和对运算对象的要求。

(2)掌握基本运算符的优先级和结合性。

(3)学会对简单问题的编程与调试。

【要点提示】

(1)表达式求值按运算符的优先级和结合性规定的顺序进行。在表达式中,优先级较高的运算符先于优先级较低的运算符进行运算。而在一个运算量两侧的运算符优先级相同时,则按运算符的结合性所规定的结合方向处理。

(2)相同类型的数据进行算术运算,其结果的数据类型不变。类型不相同,会进行自动类型转换。

【实验内容】

1.编程输出下列算术表达式的值。

(1)x+a%3*(int)(x+y)%2/4　(若 a=7,x=2.5,y=4.7)

(2)(float)(a+b)/2+(int)x%(int)y　(若 a=2,b=5,x=3.5,y=2.5)

【算法设计提示】

C 规定:求余运算符"%"的运算对象必须为整型量;整型量与整型量相除,结果仍为整型。因此,有时要通过强行类型转换方法来改变其类型。

请根据题意和算法设计,在下面程序的下画线处填空以完成程序,注意,一个下画线处也可能需要填写多条语句。

```
#include<stdio.h>
int main(void)
{
    int a,b;
    double x,y;
    a=7;
    x=2.5;
    y=4.7;
    /*输出表达式(1)的值,请将此处代码补充完整*/
    _____
    a=2;
    b=5;
    x=3.5;
    y=2.5;
    /*输出表达式(2)的值,请将此处代码补充完整*/
    _____
    return 0;
}
```

2. 编程输出下列逗号表达式的值。(设变量 x、y、z、i、j 均为 int 型)

(1)x=1, y=100, z=(x+y)*5

(2)x=(i=10, j=5, i*j)

(3)x=i=10, j=5, i*j

【算法设计提示】

逗号表达式的求值顺序是从左向右依次计算用逗号分隔的各表达式的值,最后一个表达式的值就是逗号表达式的值。逗号运算符的优先级是最低的。

请根据题意和算法设计,在下面程序的下画线处填空以完成程序,注意,一个下画线处也可能需要填写多条语句。

```
#include<stdio.h>
int main(void)
{
    int x,y,z,i,j;
    /*输出表达式(1)的值,请将此处代码补充完整*/
    _____
    /*输出表达式(2)的值,请将此处代码补充完整*/
    _____
    /*输出表达式(3)的值,请将此处代码补充完整*/
    _____
    return 0;
}
```

3. 键盘输入三角形的三个边长,求三角形面积。

【算法设计提示】

利用海伦公式 $A = \sqrt{s(s-a)(s-b)(s-c)}$ 求解,其中:a、b、c 分别为三角形三条边的长度,$s = \dfrac{1}{2}(a+b+c)$。

为简单起见,程序中不考虑对"三角形任意两边长之和大于第三边"数据的检验。

请根据题意和算法设计,在下面程序的下画线处填空以完成程序,注意,一个下画线处也可能需要填写多条语句。

程序如下:

```
#include<stdio.h>
#include<math.h>
int main(void)
{
    /*请将此处代码补充完整*/
    _____
    printf("请输入 a,b,c 的值:\n");
    scanf("%lf,%lf,%lf",&a,&b,&c);
    s=(a+b+c)/2;
    /*请将此处代码补充完整*/
    _____
```

```
        printf("area=%f\n",area);
        return 0;
}
```

常见错误

忽略了赋值运算符"="与关系运算符"=="的区别。

误将"="作为"等于"运算符。C语言中的"="是赋值运算符,而"=="是关系运算符,判断是否相等。

scanf("%lf",&a);"%"和"f"中间是字母 L 的小写形式,误输入成数字 1。

习题 2

一、单项选择题

1. 以下均不属于 C 语言关键字的是_____。
   (A)student, IF, Type   (B)gect, char, printf
   (C)do, scanf, case   (D)while, go, pow
2. 以下均为合法用户标识符的是_____。
   (A)void, print, WORD   (B)a3_ b3, _ xyz, IF
   (C)For, -abc, Case   (D)2a, DO, sigeof
3. C 语言提供的合法的数据类型关键字是_____。
   (A)Double   (B)short   (C)integer   (D)Char
4. 以下均是非法常量的是_____。
   (A)'ads', -0fff,'\0a'   (B)'\ \','\01', 12, 456
   (C)-0x18, 01177, 0xf   (D)0xabc,'\0',"a"
5. 以下均是合法整型常量的是_____。
   (A)160, 0xffff, 011   (B)-0xcdf, 01a, 0xe
   (C)-01, 986.0, 0668   (D)-0x48a, 2e5, 0x
6. 以下均是不合法浮点数的是_____。
   (A)160., 0.12, e3   (B)123, 2e4.2, .e5
   (C)-018, 123e4, 0.0   (D)-e3, .234, 1e3
7. 以下均是合法浮点数的是_____。
   (A)+1e+1, 5e-9.4, 03e2   (B)-.60, 12e-4, -8e5
   (C)123e, 1.2e-.4, +2e-1   (D)-e3, .8e-4, 5.e-0
8. 以下均是合法转义字符的是_____。
   (A)'\ '','\ \ ','\ n'   (B)'\ ','\017','\ "'
   (C)'\ 018','\ f','xab'   (D)'\ 0'','\ 101','x1f'
9. 以下正确的字符常量是_____。
    (A)"c"   (B)'\ \''   (C)'W'   (D)'

10. 在 C 语言中，char 型数据在内存中的存储形式是_____。
    (A)原码 (B)反码 (C)补码 (D)ASCII 码
11. 设有 int i；char c；float f；，以下结果为整型的表达式的是_____。
    (A)i+f (B)i*c (C)c+f (D)i+c+f
12. 以下的变量定义中，合法的是_____。
    (A)float 3_ four=3.4； (B)int_ abc_ =2；
    (C)double a=1+4e2.5； (D)short do=15；
13. 以下的变量定义中，合法的是_____。
    (A)short_ a=l-.1e-1； (B)double b=1+5e2.5；
    (C)long ao=0xfdaL； (D)float 2_ and=1-e-3；
14. 若有说明语句：char s="a"；，则下面说法正确的是_____。
    (A)s 的值包含 1 个字符 (B)s 的值包含 2 个字符
    (C)s 的值等于 97 (D)说明语句不合法
15. 若 a 为整型变量，则语句：a=010；printf("%d\n", a)。
    (A)赋值不合法 (B)输出值为 8
    (C)输出为不确定值 (D)输出值为 10
16. 已知各变量的类型说明为：int k，a，b；unsigned long w=5；double x=1.42；，则以下不符合 C 语言语法的表达式是_____。
    (A)x%(-3) (B)w +=-2
    (C)k=(a=2, b=3, a+b) (D)a +=a -=(b=4)*(a=3)
17. 已知各变量的类型说明为：int i=8，k，a，b；unsigned long w=5；double x=1.42，y=5.2；，则以下符合 C 语言语法的表达式是_____。
    (A)a+=a-=(b=4)*(a=3) (B)a=a*3=2
    (C)x%(-3) (D)y=float(i)
18. 以下正确的赋值表达式是_____。
    (A)d=9+e+f=d+9 (B)d=(9+e, f=d+9)
    (C)(x+y)++ (D)x+y=3
19. 若变量已正确定义并赋值，则下面符合 C 语言语法的表达式是_____。
    (A)a=2b (B)a=7+b+c, a++
    (C)int 12.3%4 (D)a=a+7=a+b
20. 与数学式子 3 乘以 x 的 n 次方除以(2x-1)对应的 C 语言表达式是_____。
    (A)3*x^n/(2*x-1) (B)3*x**n/(2*x-1)
    (C)3*pow(x, n)*(1/(2*x-1)) (D)3*pow(n, x)/(2*x-1)
21. 若有 int k=11；，则表达式(k++*1/3)的值是_____。
    (A)0 (B)3 (C)11 (D)12
22. 若有定义：int k=7, x=12；，则值为 3 的表达式是_____。
    (A)x%=(k%=5) (B)x%=(k-k%5)
    (C)x%=k-k%5 (D)(x%=k)-(k%=5)
23. 以下输出结果为 4 的语句段是_____。
    (A)int i=0, j=0; (i=3, (j++)+i); printf("%d\n", i);

(B) int i = 1, j = 0; j = i = (i = 3) * 2; printf("%d \n", i);
(C) int i = 3, j = 1; i = j++; printf("%d \n", i);
(D) int i = 1, j = 1; i+ = j+ = 2; printf("%d \n", i);

24. 设 n = 10, i = 4, 则执行赋值运算 n% = i+1 后, n 的值是_____。
    (A) 0   (B) 3   (C) 2   (D) 1

25. 设 int m = 1, n = 2;, 则表达式 m, n++ 的结果是_____。
    (A) 0   (B) 1   (C) 2   (D) 3

26. 设 int m = 1, n = 2;, 则表达式 m++/2 的结果是_____。
    (A) 0   (B) 1   (C) 2   (D) 3

27. 设有定义：float a = 2, b = 4, h = 3;, 以下 C 语言表达式与代数式计算结果不相符的是_____。
    (A) (a+b) * h/2   (B) (1/2) * (a+b) * h
    (C) (a+b) * h * 1/2   (D) h/2 * (a+b)

28. 以下与 k = n++ 完全等价的表达式是_____。
    (A) k = n, n = n+1   (B) n = n+1, k = n
    (C) k = ++n   (D) k+ = n+1

29. 若 a 为 int 型，且其值为 3，则执行完表达式 a+ = a- = a * a 后，a 的值是_____。
    (A) -3   (B) 9   (C) -12   (D) 6

30. 单目运算符++、--的运算对象可以是_____。
    (A) 整型变量和常量，也可以是实型变量和常量
    (B) 整型变量和常量
    (C) 整型变量，但不能是实型变量
    (D) 整型变量，也可以是实型变量

二、填空题

1. C 语言标识符的首字符必须是_____。
2. 设变量 a 是整型，f 是实型，i 是双精度型，则表达式 10+a+i * f 值的数据类型为_____。
3. 若有说明语句：char c = '\72'; 则变量 c 包含_____个字符。
4. C 语言中的基本数据类型包括_____、_____、_____。
5. 若变量 a 是 int 类型，并执行了语句：a = 'A'+1.6; 则 a 的值是字符'A'的 ASCII 码值加上_____。
6. 表达式 18/4 * sqrt(4.0)/8 值的数据类型为_____。
7. 字符串"w\x53\\\np\103q"的长度是_____。
8. 执行语句 int x = 2; double y; y = (double)x; 之后，变量 x 的数据类型是_____。
9. 表达式 pow(3, 4) 值的数据类型为_____。
10. 一个 float 型数据在内存中占_____个字节，一个 double 型数据在内存中占_____个字节。
11. 设有定义：int x = 10, y = 3, z;, 则执行语句 printf("%d \n", z = (x%y, x/y)); 的输出结果是_____。
12. 设有定义：int x = 10, y = 3;, 则执行语句 printf("%d,%d ", --x, --y); 的输出

结果是_____。

13. 表达式 5%6 的值是_____。

14. 表达式 5/6 的值是_____。

15. 设变量 x、y 均为 int 型，则表达式(x=6, x+1, y=6, x+y)的值是_____；表达式(x=y=6, x+y, x+1)的值是_____；表达式(y=6, y+1, x=y, x+1)的值是_____。

16. 设 y 为 int 型变量，描述"y 是偶数"的表达式是_____。

17. 若 x、y 均为整型变量，且 x=12, y=5，则执行表达式 x%=(y%=2)后，x 的值是_____。

18. 设有定义：int x=3, y=2; float a=2.5, b=3.5;，则表达式(x+y)%2+(int)a/(int)b 的值为_____。

19. 设有定义：char ch='a'+'8'-'3';，则执行语句 printf("%d,%c\n", ch, ch);的输出结果是_____。

20. 设有定义 int a=6;，则执行表达式 a+=a-=a*a++后，a 的值是_____。

三、判断题

1. C 语言规定标识符由字母、数字和小数点三种字符组成。（　　）

2. 在 C 语言中，int、char 和 short 三种类型数据在内存中所占用的字节数由编译程序根据所用机器的机器字长决定。（　　）

3. 在 C 语言中，要求对所有用到的变量先定义，然后才能使用。（　　）

4. 可以把一个字符串赋给一个字符型变量。（　　）

5. 把 k1、k2 定义成基本整型变量并赋初值 0，定义语句是：int k1=k2=0;。（　　）

6. 对整型变量 x、y、z 均赋值 5，可以写成 x=y=z=5;。（　　）

7. 设 int x, y, z;，执行语句 x=(y=(z=10)+5)-5;后 x、y、z 的值分别是 10、15、10。（　　）

8. 若 t 为 double 型，则表达式 t=1, t+5, t++的值是 6.0。（　　）

9. 设有定义：int a=3, b=5, c;，当执行语句 c=a; a=b; b=c;后，变量 a 和 b 的值实现了交换。（　　）

10. 在 C 程序中，逗号运算的优先级最低。（　　）

四、阅读程序题

1. 读程序，写出程序运行结果。
```
#include<stdio.h>
int main(void)
{
    int x=2, y=3, z=1;
    printf("%d %d\n", (x++, ++y), z+2);
    return 0;
}
```

2. 读程序，写出程序运行结果。
```
#include<stdio.h>
int main(void)
```

```
        {
            int a=3;
            printf("%d\n",(a+=a-=a*a));
            return 0;
        }
```

3. 读程序，写出程序运行结果。
```
    #include<stdio.h>
    int main(void)
    {
        char c1='a', c2='f';
        printf("%d,%c\n", c2-c1, c2-'a'+'B');
        return 0;
    }
```

4. 读程序，写出程序运行结果。
```
    #include<stdio.h>
    int main(void)
    {
        int a=1, b=2;
        a=a+b;
        b=a-b;
        a=a-b;
        printf("%d,%d\n", a, b);
        return 0;
    }
```

5. 读程序，写出程序运行结果。
```
    #include<stdio.h>
    int main(void)
    {
        int m=3, n=4, x;
        x=-m++;
        x=x+8/++n;
        printf("%d\n", x);
        return 0;
    }
```

五、编程题

1. 将华氏温度转换为摄氏温度。使用公式：$C=\dfrac{5}{9}(F-32)$。

2. 输入圆环内外半径，计算圆环的面积。

3. 输入一个整数，显示其十位上的数值。

4. 输入两个角度值分别赋给变量 x 和 y，计算下面算式的结果。

$$\frac{\sin(|x|+|y|)}{\sqrt{\cos(|x+y|)}}$$

5. 贷款额的计算，即计算一次可向银行贷款多少元。计算公式为：

$$D = \frac{a(I^n - 1)}{(I - 1)I^n}$$

式中：D 为一次可向银行的贷款额，a 为每年可以还贷的金额，$I = 1 + r$（r 为年利率），n 为还清贷款的年数。a、r、n 由键盘输入。

第3章 C 语言程序设计初步

实验1　putchar 函数与 getchar 函数

【实验目的】

(1) 熟练掌握 putchar 函数和 getchar 函数的使用。

(2) 熟练掌握结构化程序设计中的顺序结构设计方法。

(3) 掌握 C 语言中赋值语句的使用方法。

【要点提示】

(1) putchar 函数是 C 语言提供的专门用于输出字符的库函数，功能是在显示器上输出一个字符。putchar 函数一次只能输出一个字符，如果想输出多个字符就要用多个 putchar 函数。

(2) getchar 函数是 C 语言提供的专门用于输入字符的库函数，功能是从键盘输入一个字符。getchar 函数一次只能接收一个字符，如果想输入多个字符就要用多个 getchar 函数。

(3) 这两个专用字符输入输出函数的参数除了是字符型数据外，还可以是转义字符或可见字符的 ASCII 码值。

【实验内容】

1. 运行以下程序，观察 putchar 函数在输出各类字符数据时的结果。

```
#include<stdio.h>
int main(void)
{
    char ch1='B',ch2='O',ch3='Y';
    putchar(ch1);putchar(ch2);putchar(ch3);
    putchar('\n');
    putchar(ch1+32);putchar(ch2+32);putchar(ch3+32);
    putchar('\n');
    putchar('A');putchar('\101');putchar('\n');
    putchar('\\');putchar('\n');
    putchar('7');putchar('\n');
    putchar(7);putchar('\n');
    return 0;
}
```

这里，putchar 函数里面的参数有很多类型，其中注意语句 putchar('7')；与语句 putchar(7)；的区别。ASCII 代码中 7 对应的是(beep)，即鸣响，运行该程序时留意电脑扬声器发出声响。

2. 运行以下程序，注意 getchar 函数在输入各类字符数据时的操作。

```c
#include<stdio.h>
int main(void)
{
    char c,d,e,f;
    printf("please input two characters:\n");
    c=getchar();
    putchar(c);
    putchar('\n');
    d=getchar();
    putchar(d);
    putchar('\n');
    e=getchar();
    putchar(e);
    putchar('\n');
    f=getchar();
    putchar(f);
    putchar('\n');
    printf("c=%c\n",c);
    printf("d=%c\n",d);
    printf("c=%c\n",c);
    printf("f=%c\n",f);
    return 0;
}
```

运行该程序时请留意输入的字符以及回车键，再与输出的字符结果进行对比分析。

实验 2　printf 函数

【实验目的】

(1) 熟练掌握 printf 函数的使用方法，能正确使用各种格式控制符实现各类型数据的输出。

(2) 在字符型数据的输出中，注意 printf 函数与 putchar 函数的各自特点与区别。

【要点提示】

(1) printf 函数是 C 语言的标准输出库函数，功能是按用户指定的格式，把指定的数据输出到显示器屏幕上，一般形式为 printf(格式控制字符串，输出表)；

（2）格式控制字符串可以包含三种字符：格式说明符、转义字符和普通字符。其中，格式说明符由"%"和格式字符组成，在%和格式字符之间，可以使用附加修饰符；转义字符是一些特殊的控制字符；普通字符按原样输出。

（3）格式控制字符串和各输出项在数量和类型上应该一一对应。

（4）分析printf函数的输出结果时应注意输出表列中的求值顺序。不同的编译系统对输出表列中的求值顺序不一定相同，可以从左到右，也可从右到左。在Visual C++ 2010 Express环境下是从右到左的。

（5）使用printf函数输出字符型数据时使用%c格式符，一次可以输出多个字符，而putchar一次只能输出一个字符。

【实验内容】

1. 请按输出结果的格式要求编写程序。

若a=6，b=7，c=8，x=1.5，y=3.6，z=-6.9，m=53588，n=123456，c1='A'，c2='a'，想得到以下输出格式和结果，请将下列程序填写完整。要求输出结果如下：（␣为空格）

a=␣␣␣6，b=7␣␣␣c=8
x=1.5000，y=3.60，z=-6.900000
m=53588␣␣␣␣␣n=␣␣123456
c1=A，ASCII码值=65
c2=a，ASCII码值=97

根据题目要求，编写的程序如下：

```
#include<stdio.h>
int main(void)
{
    int a=6,b=7,c=8;
    float x=1.5,y=3.6,z=-6.9;
    long m=53588,n=123456;
    char c1='A',c2='a';
    /*按题目要求格式输出各个不同类型的变量值*/
    printf("①",a,b,c);
    printf("②",x,y,z);
    printf("③",m,n);
    printf("④",c1,c1);
    printf("⑤",c2,c2);
    return 0;
}
```

2. 运行下面两个程序，比较输出结果。

程序1：

```
#include<stdio.h>
int main(void)
{
    int i=6;
    printf("%d\n%d\n%d\n%d\n",i++,i--,-i++,-i--);
    return 0;
}
```

程序 2：

```
#include<stdio.h>
int main(void)
{
    int i=6;

    printf("%d\n",i++);
    printf("%d\n",i--);
    printf("%d\n",-i++);
    printf("%d\n",-i--);

    return 0;
}
```

仔细分析运行结果，理解掌握 printf 函数中输出表列求值顺序对结果的影响。

3. 将下列程序补充完整。程序功能：用 getchar 函数读入三个字符给变量 a、b、c，然后分别用 putchar 函数和 printf 函数输出这三个字符。比较两种语句的写法及输出结果。

```
#include<stdio.h>
int main(void)
{
char a,b,c;
printf("请输入三个字符 a,b,c:");
/*输入变量 a,b,c 的值*/
a=getchar();
①;
c=getchar();
printf("用 putchar 语句输出三个字符,结果为:");
putchar(a);
②;
```

```
        putchar(c);
        printf("\n");
        printf("用 printf 语句输出三个字符,结果为:");
        ③;
        printf("用 printf 语句输出三个字符的 ASCII 码值,结果为:");
        ④;
        return 0;
}
```

注意:连续用 getchar 函数输入多个字符时,输入项之间没有间隔符,连续输入,每个输入字符都被认为是有效字符(包括空格、回车)。

实验 3　scanf 函数

【实验目的】

(1)熟练掌握 scanf 函数的使用方法,能正确使用各种格式控制符实现各类型数据的输入。

(2)比较在字符型数据的输入中,scanf 函数与 getchar 函数的各自特点与区别。

【要点提示】

(1)scanf 函数是 C 语言的标准输入库函数,功能是按格式控制字符串规定的格式,从指定的输入设备(一般为键盘)上把数据输入到指定的变量之中。一般形式为 scanf(格式控制字符串,输入项地址表);

(2)输入项地址表中的地址,可以是变量的地址,也可以是字符数组名或指针变量(在后续章节中介绍)。变量地址的表示方法为"& 变量名"。

(3)当输入的数据类型为多个数值型数据时,若相邻两个格式指示符之间没有分隔符(如逗号、冒号等),则相应的两个输入项之间可用的分隔符有三种:空格、Tab 键或回车键。

(4)当输入的数据类型为字符型数据时,则认为所有输入的字符均为有效字符,其中包括空格和回车符,都应被输入。

(5)在格式控制字符串中出现的普通字符(包括转义字符形式的字符),应照原样输入。

(6)使用 scanf 函数输入字符型数据时使用%c 格式符,一次可以输入多个字符,而 getchar 一次只能输入一个字符。

【实验内容】

1. 请在下列程序中,用 scanf 函数输入数据,使 a=4,b=7,x=9.5,y=72.63,c1='a',c2='b'。请按格式从键盘正确输入数据。

```
#include<stdio.h>
int main(void)
{
    int a,b;
```

```
    float x,y;
    char c1,c2;
    printf("请按格式要求正确输入数据:\n");
    scanf("a=%d b=%d",&a,&b);
    fflush(stdin);
    scanf("x=%f,y=%e",&x,&y);
    fflush(stdin);
    scanf("c1=%c c2=%c",&c1,&c2);
    printf("\na=%d,b=%d,x=%f,y=%.2f,c1=%c,c2=%c\n",a,b,x,y,c1,c2);
    return 0;
}
```

注意:fflush(stdin)函数的功能是清空输入缓冲区内容。数据从键盘输入后,会临时存储在输入缓冲区中,读取函数直接从缓冲区读入。当输入连续数据并用回车确认后,为了确保不影响后面的数据读取,应先执行该函数。

2. 程序改错。

下列程序中有 3 个错误,请在 Visual C++ 2010 Express 环境下,对该源程序进行编译,编译出错。查看共有几个错误。双击每个错误,查看程序中的箭头位置,分析错误原因,并改正错误。直到编译成功,没有致命错误。

(1)程序如下:

```
#include<stdio.h>
int main(void)
{
    int a,b;
    float c;
    double d;
    printf("Please input int nums:\n");
    scanf("%d%d",a,b);
    printf("Please input float num:\n");
    scanf("%5.2f",&c);
    printf("Please input double num:\n");
    scanf("%f",&d);
    printf("a=%d,b=%d,c=%f,d=%f\n",a,b,c,d);
    return 0;
}
```

(2)重新修改源程序,然后运行程序。运行中在输入数据时,可能也会发生错误。如果出错,再检查修改源程序。这也说明程序编译、链接成功并不代表程序运行的结果就一定正确。

（3）记住这些错误的原因，避免以后重复出现。

3. 编写顺序结构程序：从键盘上输入 3 位学生的学号和数学考试成绩，打印这 3 人的学号和成绩，最后输出 3 人的数学平均成绩。请将下列程序补充完整。

```
#include<stdio.h>
int main(void)
{
    int num1, num2, num3;
    float score1, score2, score3, ave;
    printf("请输入 3 个学号：\n");
    ①;
    printf("请输入 3 个数学成绩：\n");
    ②;
    /*计算平均成绩*/
    ave=(score1+score2+score3)/3;
    /*输出 3 人的学号和成绩*/
    printf("学号%d：成绩%.1f\n", num1, score1);
    printf("学号%d：成绩%.1f\n", num2, score2);
    printf("学号%d：成绩%.1f\n", num3, score3);
    /*输出平均成绩*/
    ③;
    return 0;
}
```

常 见 错 误

1. C 语言中的变量名区分大小写字母。

例如：
```
#include<stdio.h>
int main(void)
{
    int a, b, c;
    A=b+c;
    printf("a=%d\n", a);
    return 0;
}
```

该程序编译后，会出现如下编译提示信息：

error C2065: 'A' : undeclared identifier

2. scanf 函数的参数中，地址参数项出错，遗漏 & 符号。

该错误的现象是：编译时只给出警告信息：warning C4700: local variable 'c' used without having been initialized，却允许编译通过。但在程序运行时，在要求输入数据后，会弹出如下图的提示框后停止运行。

3. scanf 函数的参数中，格式控制符与对应变量类型不一致。
最易出错的是双精度类型数据，在 scanf 函数中应使用%lf。
例如：double d;
　　　scanf("%f", &d);
这种错误会导致在程序运行时无法给变量 d 读入数据。
4. scanf 函数的参数中，使用了精度附加说明。
例如：scanf("%5.2f", &c); 是错误的。

习题 3

一、单项选择题

1. 从终端输出一个字符，可以使用函数_____。
　（A）getchar()　　（B）putchar()　　（C）gets()　　（D）puts()
2. 要输出长整型的数值，需用格式符_____。
　（A）%d　　　　（B）%ld　　　　（C）%f　　　　（D）%c
3. 设 x、y 为整型变量，z 为双精度变量，以下不合法的 scanf 函数调用语句是_____。
　（A）scanf("%d%lx,%le", &x, &y, &z);
　（B）scanf("%3d%d,%lf", &x, &y, &z);
　（C）scanf("%x%o%5.2f", &x, &y, &z);
　（D）scanf("%d% *d,%o", &x, &y, &z);
4. 设 a、b 为 float 型变量，则以下不合法的赋值表达式是_____。
　（A）--a　　　（B）b=(a/4)/5　　（C）a*=b+9　　（D）a=b==10
5. 下面程序运行后的输出结果是_____。
　　　#include<stdio.h>
　　　int main(void)
　　　{
　　　　printf("%d\n", NULL);
　　　　return 0;
　　　}
　（A）不确定值　　（B）-1　　　　（C）0　　　　（D）1

6. 下面程序运行后的输出结果是_____。
```
#include<stdio.h>
int main(void)
{
    int i1, i2, i3=241;
    i1=i3/100%8; i2=(-1)&&(-2);
    printf("%d,%d\n", i1, i2);
    return 0;
}
```
(A)6, 1   (B)6, 0   (C)2, 1   (D)2, 0

7. 下面程序运行后的输出结果是_____。
```
#include<stdio.h>
int main(void)
{
    int i;
    printf("%d\n", (i=3*5, i*4, i+5));
    return 0;
}
```
(A)65   (B)20   (C)15   (D)10

8. 下面程序运行后的输出结果是_____。
```
#include<stdio.h>
int main(void)
{
    char c1='6', c2='0';
    printf("%c,%c,%d,%d\n", c1, c2, c1-c2, c1+c2);
    return 0;
}
```
(A)6, 0, 7, 6   (B)6, 0, 5, 7
(C)输出出错信息   (D)6, 0, 6, 102

9. 有以下程序：
```
#include<stdio.h>
int main(void)
{
    int m, n, p;
    scanf("%d%d%d", &m, &n, &p);
    printf("m+n+p=%d\n", m+n+p);
    return 0;
}
```
当从键盘上输入数据：2, 3, 4<Enter>，则正确的输出结果是_____。
(A)m+n+p=9   (B)m+n+p=5   (C)m+n=7   (D)不确定值

10. 下面程序运行后的输出结果是_____。
```
#include<stdio.h>
int main(void)
{
    int a=1, b=0;
    printf("%d,", b=a+b);
    printf("%d\n", a=2*b);
    return 0;
}
```
(A)0, 0　　　　(B)1, 0　　　　(C)3, 2　　　　(D)1, 2

11. 以下不能输出字符 A 的语句是_____。
(A)printf("%c\n",'a'-32);　　　　(B)printf("%d\n",'A');
(C)printf("%c\n", 65);　　　　(D)printf("%c\n",'B'-1);

12. 执行下面程序语句时，假设用户输入为 1␣22␣333，则 ch1、ch2 和 ch3 的值为_____。
```
char ch1, ch2, ch3;
scanf("%1c%2c%3c", &ch1, &ch2, &ch3);
```
(A)'1'、'2'、'3'　　　　(B)'1'、' '、'3'
(C)'1'、'2'、' '　　　　(D)'1'、' '、'2'

13. 若有说明语句：int a, b;用户的输入为111222333，结果 a 的值为 111，b 的值为 333，那么以下正确的输入语句是_____。
(A)scanf("%3d%*3c%3d", &a, &b);
(B)scanf("%*3d%3c%3d", &a, &b);
(C)scanf("%3d%3c%*3d", &a, &b);
(D)scanf("%3d%*2d%3d", &a, &b);

14. 执行语句 scanf("%d%d", &x, &y);给 x, y 赋值时，不能作为数据分隔符的是_____。
(A)空格　　　　(B)逗号　　　　(C)回车　　　　(D)Tab 键

15. 执行下面程序语句时，若要将 25 和 2.5 分别赋给 a 和 b，正确的输入方法是_____。
```
int a; float b;
scanf("a=%d, b=%f", &a, &b);
```
(A)25␣2.5　　　　(B)25, 2.5
(C)a=25, b=2.5　　　　(D)a=25␣b=2.5

16. 执行下面程序时，当输入数据的形式为 12a345b789↵时，正确的输出结果是_____。
```
#include<stdio.h>
int main(void)
{
    char c1, c2;
```

```
            int a1, a2;
            c1=getchar();
            scanf("%2d", &a1);
            c2=getchar();
            scanf("%3d", &a2);
            printf("%d,%d,%c,%c\n", a1, a2, c1, c2);
            return 0;
         }
```
  (A)2, 345, 1, a   (B)12, 345, a, b
  (C)2a, 45b, 1, 3   (D)2, 789, 1, a

17. 已定义 x 为 float 型变量，x=213.82631；则对语句 printf("%-4.2f\n", x);说法正确的是_____。
  (A)输出格式描述符的域宽不够，不能输出
  (B)输出为 213.83
  (C)输出为 213.82
  (D)输出为-213.82

18. 在 scanf 函数语句中，地址表列由_____组成。
  (A)表达式 (B)变量 (C)常量 (D)地址项

19. scanf 函数包括在头文件_____中。
  (A)string.h (B)float.h (C)stdio.h (D)scanf.h

20. 下列程序段的输出结果是(用␣代表一个空格符)_____。
  float a=3.1415; printf("|%6.0f|", a);
  (A)|3.1415| (B)|␣␣␣3.0| (C)|␣␣␣␣␣3| (D)|␣␣␣␣3.|

21. 以下语句的输出结果是_____。
   printf("|%10.5f|", 12345.678);
  (A)|2345.67800| (B)|12345.6780|
  (C)|12345.67800| (D)|12345.678|

22. 对于 scanf() 函数的调用，以下叙述中正确的是_____。
  (A)输入项可以是一个实型常量，如：scanf("a=%d, b=%d", 3, 5);
  (B)只有格式控制，没有输入项，也能正确输入数据到内存，例如：scanf("a=%d, b=%d");
  (C)当输入一个实型数据时，格式控制部分可以规定小数点后的位数，例如：scanf("%4.2f", &d);
  (D)当输入数据时，必须指明变量地址，例如：scanf("%f", &f);

23. 如程序所示，如果运行时，输入 18，18，那么 b 的值是_____。
```
            #include<stdio.h>
            int main(void)
            {
               int a, b;
               scanf("%d,%o", &a, &b);
```

```
        b+=a;
        printf("%d", b);
        return 0;
    }
```
  (A)36   (B)34
  (C)输入错误,b 的值不确定   (D)18

24. 设有定义:long x=-123456L;则能正确输出变量 x 值的语句是_____。
  (A)printf("x=%d\n", x);   (B)printf("x=%ld\n", x);
  (C)printf("x=%8d\n", x);   (D)printf("x=%LD\n", x);

25. x、y、z 被定义为 int 型变量,若从键盘给 x、y、z 输入数据,不正确的输入语句是_____。
  (A)scanf("%d␣%d␣%d", &x, &y, &z);(␣为空格)
  (B)scanf("%d%d%d", &x, &y, &z);
  (C)scanf("%d%d%d", x, y, z);
  (D)scanf("%d,%d,%d", &x, &y, &z);

26. 以下程序段
  int m=32767, n=032767;(n 所赋的是八进制数) printf("%d,%o\n", m, n);
执行后输出结果是_____。
  (A)32767,32767   (B)32767,032767
  (C)32767,77777   (D)32767,077777

27. 以下语句中有语法错误的是_____。
  (A)printf("%d", 0xAB);   (B)printf("%f", 3.45E2.5);
  (C)printf("%d", 037);   (D)printf("%c", '\\');

28. 模块化程序设计方法反映了结构化程序设计思想的_____基本思想。
  (A)自顶向下,逐步细化   (B)面向对象
  (C)自定义函数   (D)可视化编程

29. 下列关于算法的叙述不正确的是_____。
  (A)算法是解决问题的有序步骤
  (B)算法具有确定性、可行性、有限性等基本特征
  (C)一个问题的算法只有一种
  (D)常见的算法描述方法有自然语言、图示法、伪代码法等

30. 下面程序运行后的输出结果是_____。
```
    #include<stdio.h>
    int main(void)
    {
        int i1=20, i2=50;
        printf("i1=%d, i2=%d\n", i1, i2);
        return 0;
    }
```
  (A)i1=%20, i2=%50   (B)i1=20, i2=50

（C）i1=%%d，i2=%%d　　　　　（D）　i1=%d，i2=%d

二、填空题

1. 在结构化程序设计语言中，任何复杂的程序都可以由_____、_____和_____这三种基本结构组成。

2. 算法是_____。

3. 在 C 语言中，格式输入库函数为_____，格式输出库函数为_____，字符输入库函数为_____、字符输出库函数为_____。

4. 算法的描述方法有自然语言描述、_____、_____、_____、PAD图等。

5. 设 a 为浮点型变量，输出宽度为 6，小数占 2 位，正确的 printf( ) 函数语句是_____。

6. 在输入多个数值数据时，若"格式控制字符串"中没有非格式字符作输入数据之间的间隔，则可用_____、_____、_____作间隔。

7. 以下程序段的输出结果是_____。

  double a=513.789215;

  printf("a=%8.6f"，a);

8. printf("%f%%"，1.0/3);的输出结果是_____。

9. printf("%.4s","CHINA");的输出结果是_____。

10. 若要输出下列各种类型的数据，应使用什么格式控制符（请打上双引号）。如字段宽度为 4 的十进制数应使用"%4d"。字段宽度为 6 的十六进制数应使用_____，八进制整数应使用_____，字段宽度为 3 的字符应使用_____，字段宽度为 10，保留 3 位小数的实数应使用_____，字段宽度为 8 的字符串应使用_____。

11. 若有程序

```
#include<stdio.h>
int main(void)
{
    int i, j;
    scanf("i=%d, j=%d", &i, &j);
    printf("i=%d, j=%d\n", i, j);
    return 0;
}
```

要求给 i 赋值 10，给 j 赋值 20，则应该从键盘输入_____。

12. 程序段

  float f=123.456;

  printf("%.2f"，f);

的输出结果是_____。

13. 有以下程序段：

  int n1=10，n2=20;

  printf("_____"，n1，n2);

要求按以下格式输出 n1 和 n2 的值，每个输出行从第一列开始，请填空。

n1 = 10
n2 = 20

14. 以下程序的运行结果是_____。
```
#include<stdio.h>
int main(void)
{
    printf("%5s,%5.3s","computer","computer");
    return 0;
}
```

15. 有以下程序
```
#include<stdio.h>
int main(void)
{
    char ch1, ch2;
    int n1, n2;
    ch1 = getchar();
    ch2 = getchar();
    n1 = ch1-'0';
    n2 = n1*10+(ch2-'0');
    printf("%d\n", n2);
    return 0;
}
```
运行时输入：12<回车>，执行后输出结果是_____。

16. 有以下程序段
```
int m=0, n=0;
char c='a';
scanf("%d%c%d", &m, &c, &n);
printf("%d,%c,%d\n", m, c, n);
```
若从键盘上输入：10A10<回车>,)则输出结果是_____。

17. 设有变量说明"char ch; int a;"，执行语句"scanf("%c%d", &ch, &a);"时如果从键盘输入的数据是"123"，则变量a得到的值是_____。

18. 若变量x,y已定义为int类型且x的值为99，y的值为9，请将下列输出语句
printf(_____, x/y);
补充完整，使其输出的计算结果形式为：x/y=11。

19. 以下程序
```
#include<stdio.h>
int main()
{
    int a=666, b=888;
    printf("%d\n", a, b);
```

				return 0;
		}
	运行后的输出结果是_____。
	20. 已知有程序段"int a; scanf("a=%d", &a);"要求从键盘输入数据使 a 中的值为 3，则正确的输入应是_____。

三、判断题

1. 在 scanf("%d,%*d,%d", &a, &b); 语句中，当输入 1，2，3 时，将 1 赋给 a，将 3 赋给 b。(   )
2. 在 scanf("%4d", &i); 语句中，输入 123456789，只把 123456 赋给变量 i。(   )
3. 在输入字符型数据时，空格、回车键等都作为字符读入，而且，只有在用户输入回车键时，读入才开始执行。(   )
4. 在 printf 函数中，格式字符"%5c"可用来输出 5 个字符。(   )
5. getchar( )函数可以输入字符，但 scanf( )函数则不能。(   )
6. 语句 scanf("%d%d", m, n); 可以实现从键盘上给变量 m 和 n 赋值。(   )
7. C 语言中，在一个表达式后面加一个分号即可构成表达式语句。(   )
8. scanf 函数和 printf 函数都是 C 语言的标准库函数，所以在源程序中不需要包含头文件 stdio.h。(   )
9. putchar( )函数一次可以在显示器上输出一个字符或多个字符。(   )
10. printf 函数中的所有格式字符，都既可以是大写形式，也可以是小写形式。(   )

四、阅读程序题

1. 运行下面的程序，写出输出结果。

```
#include<stdio.h>
int main(void)
{
    int a, b;
    a=10;
    b=20;
    a+=b;
    b=a-b;
    a-=b;
    printf("a=%d b=%d\n", a, b);
    return 0;
}
```

2. 运行下面的程序，写出输出结果。

```
#include<stdio.h>
int main(void)
{
    int x=2, y, z;
    x*=3+5;
    printf("%d\t", x);
```

```
        x*=y=z=5;
        printf("%d\t", x);
        x=y==z;
        printf("%d\n", x);
        return 0;
    }
```

3. 运行下面的程序，写出输出结果。
```
    #include<stdio.h>
    int main(void)
    {
        int x=-1, y=4, t;
        t=(++x<0)&&!(y--<=0);
        printf("x=%d, y=%d, t=%d\n", x, y, t);
        return 0;
    }
```

4. 运行下面的程序，写出输出结果。
```
    #include<stdio.h>
    int main(void)
    {
        int x=2, y;
        y=x? x++: --x;
        x>y? printf("***x=%d\n", x): printf("###y=%d", y);
        return 0;
    }
```

5. 运行下面的程序，写出输出结果。
```
    #include<stdio.h>
    int main(void)
    {
        int a, b, c, d;
        a=10;
        b=20;
        c=30;
        d=a;
        a=b;
        b=c;
        c=d;
        printf("a=%d b=%d c=%d\n", a, b, c);
        return 0;
    }
```

6. 当输入数据为 987654321 时，写出程序的输出结果。

```c
#include<stdio.h>
int main(void)
{
    int d1, d2;
    char c;
    scanf("%4d%2c%3d", &d1, &c, &d2);
    printf("d1=%d d2=%d c=%c\n", d1, d2, c);
    return 0;
}
```

7. 当输入数据为 9875 时，写出程序的输出结果。

```c
#include<stdio.h>
int main(void)
{
    int n, b1, b2, b3, b4;
    printf("Please input the integer：\n");
    scanf("%d", &n);
    b1=n%10;
    n/=10;
    b2=n%10;
    n/=10;
    b3=n%10;
    n/=10;
    b4=n%10;
    printf("%d%d%d%d\n", b4, b3, b2, b1);
    return 0;
}
```

8. 当输入字母 e 时，写出程序的输出结果。

```c
#include<stdio.h>
int main(void)
{
    char c1, c2;
    c1=getchar();
    c2=(c1>='a'&&c1<='z'? c1-32: c1);
    printf("%c\n", c2);
    return 0;
}
```

9. 当输入数据为 34 时，写出程序的输出结果。

```c
#include<stdio.h>
int main(void)
{
```

```
    char c1, c2;
    int a1, a2;
    c1=getchar( );
    c2=getchar( );
    a1=c1>='0'&&c1<='9'? c1-'0': c1;
    a2=c2>=48&&c2<=57? c2-'0': c2;
    printf("%d", a2*10+a1);
    return 0;
}
```

10. 运行下面的程序，写出输出结果。
```
#include<stdio.h>
int main(void)
{
    int x, y;
    long int m, z;
    y=(x=32767, x-1);
    z=m=0xffff;
    printf("y=%d, z=%3ld, m=%ld\n", y, z, m);
    return 0;
}
```

五、编程题

1. 编程计算梯形面积。设梯形上底为 a，下底为 b，高为 h，则面积为 s=(a+b)*h/2。

2. 用 getchar 函数输入两个字符 c1，c2，然后分别用 putchar 函数和 printf 函数输出。

3. 编写程序，要求任意输入一个三位正整数，然后反向输出对应的数。如输入 123，则输出 321。

4. 编写程序，将"Wuhan"译成字母密码，加密规律是用原来字母的后面第 3 个字母代替原来的字母。例如，字母 W 后面第 3 个字母是 Z，用 Z 代替 W，则"Wuhan"应译成"Zxk-dq"。

5. 输入一个字符，找出它的前一个字符和后一个字符，并根据 ASCII 值，按从小到大的顺序输出这三个字符及其 ASCII 值。

第4章 选择结构程序设计

实验1 if 语句

【实验目的】

(1) 熟练掌握关系表达式和逻辑表达式的使用。

(2) 熟练掌握 if 语句实现选择结构程序设计。

(3) 结合程序掌握一些简单的算法。

【要点提示】

(1) if 语句实现程序的选择结构。if 语句可实现单分支、双分支、多分支和嵌套分支等结构。

(2) if 语句中的条件表达式一般为关系表达式或逻辑表达式,也可以是任何类型的表达式。C 语言在进行逻辑判断时,以非 0 为真,0 为假。

(3) 对于有多层 if 的嵌套,要注意 if 与 else 的配对关系。C 语言中,else 总是与它上面的、最近的、未配对的 if 配对。

【实验内容】

1. 程序改错:要求输入一个无符号整数,判断该数是偶数还是奇数。

【算法设计提示】

判断一个无符号整数 num 是奇数还是偶数的方法是:用 num 除以 2 取余数来判别,若余数为 0,表示 num 是 2 的倍数,即 num 是偶数;若余数为 1,则 num 是奇数。

(1) 根据上面的算法设计提示,编写的程序如下(程序中有 4 个错误):

```
#include<stdio.h>
int main(void)
{
    unsigned int num,r;

    printf("Input num:\n",);
    scanf("%u",&num);

    r=num%2;

    if(r=1)
        printf("%d is an even.\n",num)
    if(r=0)
        printf("%d is an odd.\n",num);
```

```
        return(0);
}
```

请在 Visual C++ 2010 Express 环境下,对该源程序进行编译,若编译出错,请查看共有几个错误。双击每个错误,查看程序中的箭头位置,分析错误原因,并改正错误。直到编译成功,没有致命错误。

(2)重新生成解决方案,然后运行程序。运行时输入 num 的值 9,输出结果是"9 is an even.",这个结果显然是不正确的。这也说明程序编译、链接成功并不代表程序运行的结果就一定正确。

(3)继续查错、改错。找出存在的逻辑错误,直到运行时能得出正确的结果"9 is an odd."。

(4)用 if-else 结构改写程序。

2. 程序填空:判断一个字符是字母、数字还是其他字符,并按要求进行转换输出。

要求:输入一个字符,判断它是字母、数字还是其他字符。如果是小写字母,则转换为大写字母,再输出这个大写字母;如果是大写字母,则转换为小写字母,再输出这个小写字母。如果是数字则直接输出,如果是其他字符,先输出"other character",再判断是否为@或#,如果是@或#,则输出这个字符。

【算法设计提示】

根据题意,对于输入的一个字符进行判断:如果是小写字母,则转换为大写字母并输出;如果是大写字母,则转换为小写字母并输出;如果是数字字符,则直接输出;如果是其他字符,则输出"other character",再判断字符如果是@或#,则输出该字符。

(1)请根据题意和算法设计提示,在下面程序的下画线处填空以完成程序,注意,一个下画线处也可能需要填写多条语句。

```
#include<stdio.h>
int main(void)
{
char c;

    printf("请输入一个字符:");
    c=getchar();

    if(①)
    {
    c=c-32;
    printf("letter %c\n",c);
    }
    else if(c>='A'&&c<='Z')
        ②
    else if(③)
        printf("digit %c\n",c);
```

```
        else
        {
            printf("other character \n");
            if(④)
            printf("%c\n",c);
        }

        return 0;
}
```

(2)请生成解决方案和运行程序,分别输入字母 a、字母 B、数字 6、字符!和字符@,查看每次的运行结果,如果结果不正确,请进行改正,直到结果正确。

3. 编程计算 z 的值。

根据 x、y 的值,计算:

$$z = \begin{cases} \ln x + \ln y & \text{第一象限} \\ \sin x + \cos y & \text{第二象限} \\ e^{2x} + e^{3y} & \text{第三象限} \\ \tan(x+y) & \text{第四象限} \end{cases}$$

【算法设计提示】

x、y 的值在不同的象限有不同的范围。第一象限:x>0,y>0;第二象限:x<0,y>0;第三象限:x<0,y<0;第四象限:x>0,y<0。在不同的象限中,计算 z 的公式不同。其中有 ln、sin、cos、ex、tan,对应 C 标准库函数中的函数为:log( )、sin( )、cos( )、exp( )、tan( )。调用这些函数,要使用文件包含命令:include<math.h>。

要求,根据算法设计提示和算法描述(见表 4-1),用 if 语句编写程序,并输入四组 x 和 y 在不同象限的数据,运行程序,验证程序的正确性,并改正程序直到运行得出正确的结果。

表 4-1　　　　　　　　　　　　算 法 描 述

输入:实数 x、y。
输出:z 的值。
1. 定义浮点型变量 x、y、z;
2. 提示"输入 x 和 y 的值";
3. 从键盘输入 x、y 的值;
4. 如果 x,y 在第一象限:
　　4.1　计算 z=log(x)+log(y),输出 z 的值。
　　4.2　否则,如果 x,y 在第二象限:
　　　　4.2.1　计算 z=sin(x)+cos(y),输出 z 的值。
　　　　4.2.2　否则,如果 x,y 在第三象限:
　　　　　　4.2.2.1　计算 z=exp(2*x)+exp(3*y),输出 z 的值。
　　　　　　4.2.2.2　否则,计算 z=tan(x+y),输出 z 的值。

实验 2　switch 语句

【实验目的】
（1）熟练掌握使用 switch 语句实现多分支选择结构。
（2）理解 switch 语句中有无 break 语句的异同。

【要点提示】
（1）switch 语句只能判断是否相等，而 if 语句条件表达式中还能判断关系和逻辑等表达式。
（2）switch 语句中 case 后面的表达式只能是常量表达式，且各个常量表达式的值必须不同。
（3）switch 语句中的"case 常量表达式"和"default"的作用相当于语句标号，当表达式的值与之匹配时，不仅执行相应的语句，还按顺序执行后面的语句。
（4）break 语句在 switch 语句中的作用是终止 switch 语句的执行。

【实验内容】
1. 程序填空：输入某年某月某日，判断这一天是这一年的第几天？
【算法设计提示】
根据年、月、日，计算出是本年的第几天的算法是：本月之前所有月份的天数加起来，再加上本月的天数。以 9 月 10 日为例，先把前 8 个月的天数加起来，然后再加上 10 天即为所求的本年的第几天。

计算本月之前所有月份的天数，用 switch 语句来实现。设总天数变量 sum，如果本月为 1 月，则 sum=0；如果本月为 2 月，则 sum=31；如果本月为 3 月，则 sum=59；…；依此类推。

有一个特殊情况：如果该年为闰年且输入月份大于 2 时，需考虑多加一天，所以程序中还要判断闰年，设置一个变量 leap。算法描述见表 4-2。

表 4-2　　　　　　　　　　　　　　　算　法　描　述

输入：年 year、月 month、日 day。

输出：这一天是该年的第几天。

1. 定义 int 型变量 year、month、day、sum、leap；
2. 提示"输入年、月、日"；
3. 从键盘输入 year、month、day 的值；
4. 计算 month 以前月份的总天数 sum；
5. 总天数再加上 day 的值 sum+=day；
6. 判断该年是否为闰年，计算表达式((year%4==0&&year%100!=0)||(year%400==0))的值；
7. 如果该年为闰年(leap==1)，且 month>=3，则总天数加 1，sum=sum+1；
8. 输出天数。

(1) 请根据算法设计及算法描述,在下面程序的下画线处填空以完成程序。

```c
#include<stdio.h>
int main(void)
{
    int day,month,year,sum,leap;

    printf("\nplease input year,month,day\n");
    scanf("%d,%d,%d",&year,&month,&day);

    switch(month)            /*先计算month月以前月份的总天数*/
    {
        case 1:sum=0;break;
        case 2:sum=31;break;
        case 3:sum=59;①_____
        case 4:sum=90;break;
        case 5:sum=120;break;
        case 6:sum=151;break;
        case 7:②_____
        case 8:sum=212;break;
        case 9:sum=243;break;
        ③_____
        case 11:sum=304;break;
        case 12:sum=334;break;
        default:printf("data error\n");break;
    }
    sum=sum+day;      /*再加上本月的天数*/
    if(④_____)       /*判断year是不是闰年*/
        leap=1;
    else
        leap=0;
    if(leap==1&&month>2)   /*如果是闰年且月份大于2,总天数应该加一天*/
        sum++;
    printf("The days are %d .\n",sum);
    return 0;
}
```

(2) 生成解决方案,运行程序,分别输入 2014、9、10 和 2012、9、10 两组数据,验证程序的正确性。

2. 请根据下面的计费规则,编写程序完成:根据输入的基本运费、货物重量和距离,计算总的运费。

运输公司对用户计算运费，路程(s)越远，每公里运费越低。标准如下：

s< 250 km   没有折扣
250≤s< 500 km   2%折扣
500≤s<1000 km   5%折扣
1000≤s<2000 km   8%折扣
2000≤s<3000 km   10%折扣
3000≤s   15%折扣

设每公里每吨货物的基本运费为 p，货物重量为 w，距离为 s，折扣为 d，则总的运费 f 为：f=p*w*s*(1-d)。

【算法设计提示】

根据给出的计费规则可见，折扣的"变化点"是 250 的倍数，因此可令 c=s/250，表示 250 的倍数。当 c<1 时，说明 s< 250，没有折扣；当 1≤c<2 时，说明 250≤s<500，折扣 d=2%；当 2≤c<4 时，说明 500≤s<1000，折扣 d=5%；当 4≤c<8 时，说明 500≤s<1000，折扣 d=8%；当 8≤c<12 时，说明 500≤s<1000，折扣 d=10%；当 12≤c 时，说明 3000≤s，折扣 d=15%。算法描述见表 4-3。

表 4-3　　　　　　　　　　　　算 法 描 述

输入：基本运费 p，货物重量 w，距离 s。
输出：总运费 f。
1. 输出请按格式%f、%f 和%d 输入基本运费 p、货物重量 w、距离 s 的提示信息；
2. 从键盘输入基本运费 p、货物重量 w 和距离 s 的值；
3. 如果 s>=3000，c=12，c=s/250；
4. 用 switch 语句根据 c 的值选择进入不同的分支，计算折扣 d；
5. 总运费为：f=p*w*s*(1-d/100.0)；
6. 输出总运费 f 的值。

请根据算法设计提示及算法描述，用 switch 语句编写程序。再生成解决方案。运行程序。运行时输入基本运费 p、货物重量 w 和距离 s 的值，查看程序的输出结果，并改正程序直到运行能得出正确的结果。

实验 3　条件表达式的应用

【实验目的】

(1) 掌握 C 语言中的条件运算符和条件表达式。
(2) 学会在程序中使用条件表达式。

【要点提示】

(1) 条件表达式的执行顺序：先求解表达式 1，若为非 0(真)则求解表达式 2，此时表达式 2 的值就作为整个表达式的值。若表达式 1 的值为 0(假)，则求解表达式 3，表达式 3 的值就是整个条件表达式的值。

(2) 条件表达式优先级高于赋值运算符和逗号运算符，低于其他运算符。

(3) 条件表达式的结合方向为"自右至左"。

【实验内容】

1. 程序填空：用条件运算符将程序补充完整。学习成绩>=90分的同学用 A 表示，60~89分之间的用 B 表示，60 分以下的用 C 表示。

【算法设计提示】

根据题目的要求，用条件表达式来实现成绩>=90 分用 A 表示，60~89 分之间的用 B 表示，60 分以下的用 C 表示。因为有三个分支，所以需要两个条件运算符。

```
#include<stdio.h>
int main(void)
{
    int score;
    char grade;
    printf("Please input a score:\n");
    scanf("%d",&score);
    grade=score>=90?'A'①;
    printf("%d belongs to %c",score,grade);
    return 0;
}
```

2. 用条件运算符编程实现：求 a，b，c 三个数中的最大数。

【算法设计提示】

要求三个数 a，b，c 中的最大数，可以首先求两个数 b 和 c 中的大数，用条件表达式表示为：b>c? b：c，然后再求两个数 a 和(b，c)中的大数，用条件表达式表示为：a>(b>c? b：c)? a：(b>c? b：c)。

也可以首先比较 a 与 b，如果 a 大于 b，则再比较 a 与 c；否则，如果 a 小于 b，则让 b 与 c 比较，取其中的最大数。用条件表达式表示为 a>b?(a>c? a：c)：(b>c? b：c)。

请根据题目要求和算法设计提示，用条件运算符编写程序。再生成解决方案。运行程序。运行时输入 a，b，c 三个数，验证程序的输出结果是否是三个数中的最大数，并改正程序，直到运行能得出正确的结果。

常 见 错 误

1. 忽略了赋值运算符"="与关系运算符"=="的区别。

误将"="作为"等于"运算符。C 语言中的"="是赋值运算符，而"=="是关系运算符，判断是否相等。

2. switch 语句中需要 break 语句时而遗漏了。

例如：下面的程序段是根据考试成绩的等级打印出百分制分数段。

switch(grade)
{

```
case 'A': printf("85~100\n");
case 'B': printf("70~84\n");
case 'C': printf("60~69\n");
case 'D': printf("<60\n");
default: printf("error\n");
}
```

由于没有 break 语句，造成结果不正确。因为 case 只起标号的作用，而不起判断作用。

3. 在不该加分号的地方多加了分号。

例如：

将 if(a%3==0) i++; 写成与 if(a%3==0); i++;。

if(a%3==0) {i++; j++;};，在复合语句的"}"后多加了一个分号。

4. 在 if 语句中没有正确使用复合语句。

习题 4

一、单项选择题

1. 在以下一组运算符中，优先级最高的运算符是_____。
   (A) <=   (B) =   (C) || (D) &&

2. 若要表示 a 不等于 0 的关系，则能正确表示这一关系的表达式是_____。
   (A) a<>0   (B) !a   (C) a=0   (D) a

3. 判断字符型变量 ch1 是否为小写字母的正确表达式是_____。
   (A) 'a'<=ch1<='z'   (B) (ch1>='A') && (ch1<='z')
   (C) ('a'>=ch1) || ('z'<=ch1)   (D) (ch1>='a') && (ch1<='z')

4. 判断 char 型变量 ch1 是否为数字的正确表达式为_____。
   (A) 0<=c1<=9   (B) c1>=0 && c1<=9
   (C) '0'<=c1<='9'   (D) c1>='0' && c1<='9'

5. 对 y 在 [3, 23] 或 [100, 200] 范围内为真的表达式是_____。
   (A) (y>=3) && (y<=23) && (y>=100) && (y<=200)
   (B) (y>=3) || (y<=23) || (y>=100) || (y<=200)
   (C) (y>=3) && (y<=23) || (y>=100) && (y<=200)
   (D) (y>=3) || (y<=23) && (y>=100) || (y<=200)

6. 请从以下表达式中选出 a 为偶数时值为 0 的表达式_____。
   (A) a%2==0   (B) !a%2!=0
   (C) a/2*2-2==0   (D) a%2

7. 已知 x=43, ch='A', y=0; 则表达式 (x>=y&&ch<'B'&&!y) 的值是_____。
   (A) 0   (B) 语法错   (C) 1   (D) "假"

8. 设 a=3, b=4, c=5, 则逻辑表达式 !(a+b)*c-1&&b+c%2 的值是_____。
   (A) -1   (B) 0   (C) 1   (D) 2

9. 如果 a、b 是 float 型变量，c、d 是 int 型变量，且 a=2.5, b=7.5, c=5, d=6, 则下面表达式结果为 1 的是_____。

(A)a+b<c+d&&a==3.5　　　　　　(B)a+b/2!=c-d‖c!=d
(C)c>d‖c==(c+d)<b　　　　　　(D)a<b&&b<a

10. 当变量c的值不为2、4、6时，值也为"真"的表达式是_____。
    (A)(c==2)‖(c==4)‖(c==6)
    (B)(c>=2&&c<=6)‖(c!=3)‖(c!=5)
    (C)(c>=2&&c<=6)&&!(c%2)
    (D)(c>=2&&c<=6)&&(c%2!=1)

11. 在C语言中，if语句后的一对圆括号中，用以决定分支流程的表达式_____。
    (A)只能用逻辑表达式
    (B)只能用逻辑表达式或关系表达式
    (C)只能用关系表达式
    (D)可用任意表达式

12. 以下_____选项为不正确的if语句。
    (A)if(x<y);
    (B)if(x!=y) scanf("%d", &x) else scanf("%d", &y);
    (C)if(x==y) x+=y;
    (D)if(x<y) {x++; y++;}

13. 为避免嵌套的if语句if-else的二义性，C语言规定：else与_____配对。
    (A)缩排位置相同的if　　　　　(B)其之前最近的没有配对的if
    (C)其之后最近的没有配对的if　(D)同一行上的if

14. 下面程序运行后的输出结果是_____。
```
#include<stdio.h>
int main(void)
{
int i=0, j=0, k=6;
if((++i>0)‖(++j>0))
k++;
printf("%d,%d,%d\n", i, j, k);
return 0;
}
```
    (A)0, 0, 6　　(B)1, 0, 7　　(C)1, 1, 7　　(D)0, 1, 7

15. 以下if语句语法正确的是_____。
    (A)if(x>0) {x=x+y; printf("%f", x);} else printf("%f", -x);
    (B)if(x>0) printf("%f", -x) else printf("%f", -x);
    (C)if(x>0) {x=x+y; printf("%f", x);}; else printf("%f", -x);
    (D)if(x>0) {x=x+y; printf("%f", x)} else printf("%f", -x);

16. 关于下面的程序，说法正确的是_____。
```
#include<stdio.h>
int main(void)
{
```

```
int a=5, b=0, c=0;
    if(a=b+c) printf("&&&");
    else printf("###");
    return 0;
}
```
（A）有语法错不能通过编译　　　　　（B）可以通过编译但不能链接
（C）输出 &&&　　　　　　　　　　　（D）输出 ###

17. 若变量都已正确定义，则以下程序段输出的结果为_____。
```
int a=1, b=2, c, d;
if (a==b)
    c=d=a;
else
    c=b;
d=b;
printf("c=%d, d=%d", c, d);
```
（A）c=1, d=1　　（B）c=1, d=2　　（C）c=2, d=1　　（D）c=2, d=2

18. 设 int a=9, b=8, c=7, x=1;，则执行语句：
    if(a>7) if(b>8) if(c>9) x=2; else x=3; 后 x 的值是_____。
（A）0　　　　　（B）2　　　　　（C）1　　　　　（D）3

19. 下面程序运行后的输出结果是_____。
```
#include<stdio.h>
int main(void)
{
int x=1, y=2, z=3;
    if(x==1&&y!==2)
if(y!=2 || z--!=3)
        printf("%d,%d,%d\n", x, y, z);
else  printf("%d,%d,%d\n", x, y, z);
    else  printf("%d,%d,%d\n", x, y, z);
    return 0;
}
```
（A）1, 2, 3　　（B）3, 2, 1　　（C）1, 3, 2　　（D）1, 3, 3

20. 设有以下程序段：
```
int a;
scanf("%d", &a);
if(a<=5); else
if(a!=10)printf("%d\n", a);
```
程序运行时，输入的值在哪个范围才会有输出结果_____。
（A）不等于 10 的整数　　　　　　　（B）大于 5 且不等于 10 的整数
（C）大于 5 或等于 10 的整数　　　　（D）大于 5 的整数

21. 以下程序段的输出结果是_____。
    int a=3, b=5, c=7;
    if(a>b)
    a=b;
    c=a;
    if(c！=a)
    c=b;
    printf("%d,%d,%d\n", a, b, c);
      (A)程序段有语法错   (B)3, 5, 3
      (C)3, 5, 5   (D)3, 5, 7

22. 设 ch 是字符型变量，其值为 A，且有下面的表达式：
    ch=！(ch>='A'&&ch<='z')？ch：(ch+32)，则表达式的值是_____。
      (A)A   (B)a   (C)2   (D)z

23. 若有条件表达式(expression)？a++：b--，则下面表达式中能完全等价于表达式(expression)的是_____。
      (A)(expression==0)   (B)(expression！=0)
      (C)(expression==1)   (D)(expression！=1)

24. 下面程序运行后的输出结果是_____。
    #include<stdio.h>
    int main(void)
    {
    int i=4, x=3, y=2, z=1;
        printf("%d\n", i<x? i: z<y? z: x);
        return 0;
    }
      (A)1   B)2   (C)3   (D)4

25. 下列叙述中正确的是_____。
      (A)break 语句只能用于 switch 语句
      (B)在 switch 语句中必须使用 default
      (C)break 语句必须与 switch 语句中的 case 配对使用
      (D)在 switch 语句中，不一定使用 break 语句

26. 下面程序运行后的输出结果是_____。
    #include<stdio.h>
    int main(void)
    {
    int x=1, a=0, b=0;
        switch(x)
        {   case 0: b++;
            case 1: a++;
            case 2: a++; b++;   }

```
        printf("a=%d, b=%d\n", a, b);
        return 0;
    }
    (A) a=2, b=1    (B) a=1, b=1    (C) a=1, b=0    (D) a=2, b=2
```

27. 下面程序运行后的输出结果是_____。
```
    #include<stdio.h>
    int main(void)
    {
        int x=1,y=0,a=0,b=0;
        switch(x)
        {
            case 1:
                switch(y)
                {
                    case 0:a++;break;
                    case 1:b++;break;
                }
            case 2:a++;b++;break;
            case 3:a++;b++;
        }
        printf("a=%d,b=%d\n",a,b);
        return 0;
    }
```
(A) a=1, b=0   (B) a=2, b=2   (C) a=1, b=1   (D) a=2, b=1

28. 以下选项中与 if(a==1) a=b; else a++; 语句功能相同的 switch 语句是_____。

(A)
```
switch(a=1)
{
    case 1: a=b;break;
    default: a++;
}
```

(B)
```
switch(a==1)
{
    case 0:a=b;break;
    case 1:a++;
}
```

(C)
```
switch(!a)
{
    default:a++;break;
    case 1:a=b;
}
```

(D)
```
switch(a==1)
{
    case 1:a=b;break;
    case 0:a++;
}
```

29. 若有定义 int a,b;double x;,则下列选项中 switch 语句没有错误的是_____。

(A)
```
switch(x%2)
```

(B)
```
switch((int)x/2.0)
```

```
            {
        case 0：a++;break;
        case 1：b++;break;
        default：a++;b++;
            }
         (C)
        switch((int)x%2)
            {
        case 0：a++;break;
        case 1：b++;break;
        default：a++;b++;
            }
```

```
            {
        case 0：a++;break;
        case 1：b++;break;
        default：a++;b++;
            }
         (D)
        switch((int)(x)%2)
            {
        case0：a++;break;
        case1：b++;break;
        default：a++;b++;
            }
```

30. 以下叙述正确的是_____。

（A）可以把 if 和 case 定义为用户标识符

（B）可以把 case 定义为用户标识符,但不能把 if 定义为用户标识符

（C）可以把 if 定义为用户标识符,但不能把 case 定义为用户标识符

（D）if 和 case 都不能定义为用户标识符

二、填空题

1. 在 C 语言中,用_____表示逻辑"假"值。

2. C 语言提供的三种逻辑运算符是_____、_____、_____（按运算优先级从大到小）。

3. 表示"整数 a 的绝对值大于 5"的值为"真"的 C 语言表达式是_____。

4. 表达式 1≤a≤8 且 a≠7 的 C 语言表达式是_____。

5. 表达式 | f | ≤8g 的 C 语言表达式是_____。

6. 设有定义 char ch='5'; int i=1,j;,执行 j=!ch&&i++后,i 的值是_____。

7. 写一个表达式,要求这个表达式根据 i 是否等于、小于或大于 j,分别取值为 0、-1 或 1。

8. 若 x 为 int 类型变量,请以最简单的形式写出与!x 等价的 C 语言表达式_____。

9. 如果 i 的值为 17,下面语句的结果是①；如果 i 的值为-17,下面语句的结果是②。
   printf("%d", i>=0? i: -i);

10. 若有定义语句 int x=3,y=2,z=1;则表达式 z*=(x>y? ++x: y++)的值是_____。

11. 下面程序运行后的输出结果是_____。
    #include<stdio.h>
    int main(void)
    {
    int a=6;
    if(a=2)
    printf("%d\n",a);

```
    else
        printf("%d\n",a+1);
    return 0;
}
```

12. 下面程序实现:输入三个整数,按从大到小的顺序进行输出。请在程序的空中填入正确内容。

```
#include<stdio.h>
int main(void)
{
    int x,y,z,c;
        scanf("%d%d%d",&x,&y,&z);
    if(___①___)   {c=y;y=z;z=c;}
    if(___②___)   {c=x;x=y;y=c;}
    if(___③___)   {c=z;z=y;y=c;}
        printf("%d,%d,%d",x,y,z);
    return 0;
}
```

13. 下面程序实现:对输入的一个小写字母,将字母循环前移5个位置后输出。如'f'变成'a','a'变成'v'。请在程序的空中填入正确内容。

```
#include<stdio.h>
int main(void)
{
    char c;
    c=getchar();
    if(c>='f'&&___①___)
        ___②___;
    else if(c>='a'&&___③___)
        ___④___;
    putchar(c);
    return 0;
}
```

14. 为了使下面程序输出结果 t=4,输入的 a 和 b 的值应满足条件_____。

```
#include<stdio.h>
int main(void)
{
    int s, t, a, b;
    scanf("%d%d", &a, &b);
    s=1; t=1;
    if(a>0)
        s=s+1;
```

```
        if(a>b)
             t=s+t;
        else  if(a==b)
t=5;
        else t=2*s;
        printf("s=%d, t=%d", s, t);
        return 0;
    }
```

15. 下面程序执行时，若从键盘输入字母 m，输出结果为___①___，若输入字母 M，则输出结果是___②___。

```
    #include<stdio.h>
    int main(void)
    {
        char ch;
        printf("Input a charator:\n");
        scanf("%c",&ch);
        if(ch>='a'&&ch<='z')
    ch-='a'-'A';
        printf("%c\n",ch);
        return 0;
    }
```

16. 下面程序段执行后，x 的值为_____。

```
    int x=80, a=10, b=16, y=9, z=0;
    if(a<b)
    if(b!=15)
        if(!y)
        x=81;
            else if(!z)
    x=79;
```

17. 下面程序运行后的输出结果是_____。

```
    #include<stdio.h>
    int main(void)
    {
        int n=0, m=1, x=2;
        if(!n)
            x-=1;
        if(m)
            x-=2;
        if(x)
    x-=3;
```

```
        printf("%d\n", x);
    return 0;
}
```

18. 下面程序用于判断 a、b、c 能否构成三角形。若能，输出 YES，否则输出 NO。当 a、b、c 表示三角形的三条边长时，确定 a、b、c 能构成三角形的条件是同时满足：a+b>c，a+c>b，b+c>a。请填空完成程序。

```
#include<stdio.h>
int main(void)
{
    float a, b, c;
    scanf("%f%f%f", &a, &b, &c);
    if(_____)
        printf("YES\n");
    else
        printf("NO\n");
    return 0;
}
```

19. 下面程序运行后的输出结果是_____。

```
#include<stdio.h>
int main(void)
{
    if(2*1==2<2*2==4)
        printf("##");
    else
        printf("**");
    return 0;
}
```

20. 下面程序运行后的输出结果是_____。

```
#include<stdio.h>
int main(void)
{
    int a=2, b=3, c;
    c=a;
    if(a>b)
        c=1;
    else if(a==b)
        c=0;
    printf("%d\n", c);
    return 0;
}
```

三、判断题

1. 如果x>y或a<b为真，那么表达式(x>y&&a<b)为真。（   ）
2. 假定变量x，y，z在定义时已赋初值，则if((x=y+5)>0) z=x；是正确的。（   ）
3. int a=1，b=0，c=1；，则!(a+b)+c-0&&b+c/2的值为1。（   ）
4. a&&b&&c逻辑表达式中，当a为假时将不再计算b和c的值了。（   ）
5. 语句if(A)x=1；与if(a==0)x=1；等价。（   ）
6. if(x>0) {x=x+y；printf("%f"，x);} else printf("%f"，-x);语句语法是正确的。（   ）
7. if语句后面的表达式并不限于是关系表达式或逻辑表达式，也可以是任意表达式。if语句中可以再嵌套if语句。（   ）
8. 有定义int n；则if(n>=1<=10) printf("n is between 1 and 10 \ n")语句是合法的。（   ）
9. switch选择结构中的default子句必须放在switch语句的最后。（   ）
10. 下面程序段的运行结果是1。（   ）

```
int i=1;
    switch(i%3)
{
    case 0：printf("0");
    case 1：printf("1");
    case 2：printf("2");
}
```

四、阅读程序题

1. 两次运行下面的程序，如果从键盘上分别输入6和4，请写出两次的运行结果。

```
#include<stdio.h>
int main(void)
{
    int x;
    scanf("%d"，&x);
    if(x>5)
printf("%d"，x);
    else
        printf("%d \ n"，x--);
return 0;
}
```

2. 读程序，写出程序运行结果。

```
#include<stdio.h>
int main(void)
{
    int  a=5，b=4，c=3，d=2;
    if(a>b>c)
```

```
        printf("%d\n", d);
    else  if((c-1>=d)==1)
        printf("%d\n", d+1);
    else
        printf("%d\n", d+2);
    return 0;
}
```

3. 读程序，写出程序运行结果。
```
#include<stdio.h>
int main(void)
{
    char m='b';
    if(m++>'b')
        printf("%c\n", m);
    else
        printf("%c\n", m--);
    return 0;
}
```

4. 下面程序运行时若输入2.0(回车)，请写出程序的运行结果。
```
#include<stdio.h>
int main(void)
{
    float a, b;
    scanf("%f", &a);
    if(a<10.0)
        b=1.0/a;
    else if((a<0.5)&&(a!=2.0))
        b=1.0/(a+2.0);
    else  if(a<10.0)
        b=1.0/a;
    else
        b=10.0;
    printf("%f\n", b);
    return 0;
}
```

5. 读程序，写出程序运行结果。
```
#include<stdio.h>
int main(void)
{
    int a=0, b=0, c=0, x=35;
```

```c
        if(a)
            x--;
        else if(!b)
            if(c)
                x=3;
            else
                x=4;
    printf("%d\n", x);
    return 0;
}
```

6. 读程序，写出程序运行结果。
```c
#include<stdio.h>
int main(void)
{
    int a=100, x=10, y=20, ok1=0, ok2=5;
    if(x<y)
        if(!ok1)
            a=1;
        else
            {
                if(ok2)
                    a=10;
            }
    else
        a=-1;
    printf("%d\n", a);
    return 0;
}
```

7. 读程序，写出程序运行结果。
```c
#include<stdio.h>
int main(void)
{
    int p, a=5;
    if(p=a!=0) printf("%d\n", p);
    else printf("%d\n", p+2);
    return 0;
}
```

8. 读程序，写出程序运行结果。
```c
#include<stdio.h>
int main(void)
```

```
        int a, b, c;
        int s, w=0, t=0;
        a=-1;
        b=3;
        c=3;
        if(c>0)
            s=a+b;
        if(a<=0)
        {   if(b>0)
                if(c<=0)
                    w=a-b;
        }
        else  if(c>0)
            w=a-b;
        else
            t=c;
        printf("%d,%d,%d\n", s, w, t);
        return 0;
    }
```

9. 读程序，写出程序运行结果。

```
#include<stdio.h>
int main(void)
{
    int n='c';
    switch(n++)
    {
        default: printf("error"); break;
        case 'a': case 'A':
        case 'b': case 'B': printf("good"); break;
        case 'c': case 'C': printf("pass");
        case 'd': case 'D': printf("warn");
    }
    return 0;
}
```

10. 读程序，写出程序运行结果。

```
#include<stdio.h>
int main(void)
{
    int a=0, b=4, c=5;
```

```
            switch(a==0)
              {
          case 1: switch(b<0)
                    {
                  case 1: printf("@"); break;
                  case 0: printf("!"); break;
                    }
          case 0: switch(c==5)
                    {
                  case 0: printf("*"); break;
                  case 1: printf("#"); break;
                  default: printf("%");
                    } break;
          default: printf("&");
              }
          return 0;
        }
```

五、编程题

1. 编写程序，计算：

$$y = \begin{cases} 3x + 6 & (x \geq 0) \\ -x^2 + 2x - 8 & (x < 0) \end{cases}$$

2. 为优待顾客，商店对购货在1000元和1000元以上的，八折优惠；500元以上(包括500元，下同)，1000元以下的，九折优惠；200元以上、500元以下的，九五折优惠；100元以上、200元以下的，九七折优惠；100元以下不优惠。请输入购货款后，打印出该交的货款。

3. 编写程序，计算电报费用。电报计费规则：若为普通电报，每个字0.75元，如不足10个字，按10个字计算；若为加急电报，则加上一个字，再加倍收费。键盘输入报文字数。

4. 编写程序，输入班号，输出该班学生人数(用switch语句编程)。

班号	21	22	23	24	25	26
人数	45	51	48	46	48	52

5. 企业发放的奖金根据利润提成。利润低于或等于10万元时，奖金可提成10%；利润高于10万元、低于20万元时，低于10万元的部分按10%提成，高于10万元的部分，可提成7.5%；20万元到40万元时，高于20万元的部分，可提成5%；40万元到60万元之间时，高于40万元的部分，可提成3%；60万元到100万元之间时，高于60万元的部分，可提成1.5%；高于100万元时，超过100万元的部分按1%提成。编写程序，键盘输入当月利润，求应发放的奖金总数。

第5章 循环结构程序设计

实验 1 循环语句的使用

【实验目的】

(1) 熟练使用 for、while 和 do-while 语句实现循环程序设计。

(2) 理解循环条件、循环变量和循环体,以及 for、while 和 do-while 语句的相同和不同之处。

【要点提示】

(1) C 语言提供了 for、while、do-while 三种循环语句实现程序中的循环结构。一般情况下,对于事先给定了循环次数的循环,采用 for 语句。

(2) 编写循环结构的程序,要点是循环体、循环的条件、控制循环的变量以及循环变量如何变化。

【实验内容】

1. 程序填空:编程计算 $1^2+2^2+3^2+\cdots+n^2$,直到累加和大于 10000 为止。

【算法设计提示】

这是一个求 n 个数平方和的累加问题。数从 1 到 n 变化,每次增加 1。循环中可以设置一个变量 i,i 的初始值为 1,每循环一次使 i 的值增加 1。还要设置一个累计和变量 sum,每循环一次使 sum 增加 i 的平方。循环的次数是未知的,循环的条件是 sum 小于等于 10000。

(1) 请根据题意和算法设计提示,在下面程序的下画线处填空以完成程序,注意,一个下画线处也可能需要填写多条语句。

```
#include<stdio.h>
int main(void)
{
    int i=0, sum=0;
    while(①)
    {
        ②
    }
    printf("n=%d, sum=%d\n", i, sum);
    return 0;
}
```

(2)生成解决方案,运行程序,查看程序运行结果。正确的结果是 n=31,sum=10416。

(3)如果将程序的第 4 行改为:int i=0,sum;,不给变量 sum 赋初值 0,重新生成解决方案,运行程序,查看程序的结果,为什么结果不正确?

2. 程序填空:计算 s=a+aa+aaa+aaaa+aa...a(n 个 a)的值。

编写程序计算 s=a+aa+aaa+aaaa+aa...a(n 个 a)的值,其中 a 是一个数字,例如 s=2+22+222+2222+22222(此时共有 5 个数相加,n=5,a=2),a 和 n 的值由键盘输入得到,n≥1。

【算法设计提示】

对于这个问题的算法,关键是计算出每一项 aa...a 的值(设每项的变量为 tn),然后求和(设累计和变量为 sn)。而每项的值可以根据十进制数的多项式展开形式,如 $aaa = a \times 10^2 + a \times 10^1 + a \times 10^0$,由循环语句来完成。循环的控制由循环变量 count 来完成,当 count≤n 时,执行循环体;当 count>n 时,循环结束。

(1)请根据题意和算法设计提示,在下面程序的下画线处填空以完成程序,注意,下画线处需要填写多条语句。

```
#include<stdio.h>
#include<math.h>
int main(void)
{
    int a, n, count=1;
    int sn=0, tn=0;

    printf("Please input a and n: \n");
    scanf("%d%d", &a, &n);

    printf("a=%d, n=%d\n", a, n);

    do
    {
        ①
    }while(count<=n);

    printf("a+aa+...=%ld\n", sn);
    return 0;
}
```

(2)请生成解决方案,运行程序。输入 a 和 n 的值 2 和 5,查看程序运行结果,正确的结果是 a+aa+...=24690。

3. 编写程序:从键盘上输入一个整数,统计该数的位数。用 while 或 do-while 语句实现。

【算法设计提示】

一个整数由多位数字组成,要统计该数的位数,需要循环地将这个整数进行除 10 运算,直到商为 0 为止。循环的次数由该整数的位数决定,因此循环的次数就是该数的位数。算法描述见表 5-1。

表 5-1	算 法 描 述

输入：整数 num。

输出：整数 num 的位数 count。

1. 定义 int 型变量 num、count，count 表示整数 num 的位数；
2. 提示"请输入一个整数"；
3. 从键盘输入 num 的值；
4. count = 1；
5. 判断如果 num<0，则将输入的负数转换为正数；
6. 判断 num/10！=0 是否成立，如果成立，执行步骤 7，否则执行步骤 10；
7. num = num/10；
8. count++；
9. 转向步骤 6；
10. 输出 count 的值；
11. 程序结束。

请根据算法设计和算法描述，用 while 语句编写程序。并生成解决方案和运行程序，分别输入数据 123456 和-12345，查看每次的运行结果，以验证程序的正确性。如果结果不正确，请进行改正，直到结果正确。用 do-while 语句重写程序，实现相同的功能。

4. 程序填空：求 Fibonacci 数列的前 12 项。

著名意大利数学家 Fibonacci 曾提出一个有趣的问题（兔子繁殖问题）：设有一对新生兔子，从第三个月开始它们每个月都生一对兔子。按此规律，并假设没有兔子死亡，一年后共有多少对兔子？

对于这个问题，人们在研究中发现，每月的兔子数组成了如下数列：

$$1, 1, 2, 3, 5, 8, 13, 21, 34, \cdots$$

并把它称为 Fibonacci 数列。从 Fibonacci 数列中可以看出，这个数列的第 1 项和第 2 项均为 1，从第 3 项起为前两项的和。

【算法设计提示】

求 Fibonacci 数列的算法可以描述为：

$$fib_1 = fib_2 = 1$$
$$fib_n = fib_{n-1} + fib_{n-2} (n \geq 3)$$

也就是说，Fibonacci 数列的第 1 项和第 2 项为 1，第 3 项为第 1 项、第 2 项之和，第 4 项为第 2 项、第 3 项之和，第 n 项为第 n-2 项、第 n-1 项之和，这显然是一个迭代表达式。

迭代是算法设计中最常用的方法之一。迭代就是一个不断地用新值取代变量的旧值；或由旧值递推出变量的新值的过程。当一个问题的求解过程能够由一个初值，使用一个迭代表达式进行反复的迭代时，便可以用效率极高的重复结构描述，所以迭代适用循环结构实现，只不过要重复的操作是不断从一个变量的旧值出发计算它的新值。

因此求解 Fibonacci 数列的前 12 项，用循环结构，采用迭代法。其中，设置循环变量 i，设置 3 个迭代变量 fib、fib1 和 fib2，迭代变量的初值为 1，迭代表达式为 fib=fib1+fib2，迭代条件为：3≤i≤12。每循环一次求出数列中的一项。而且该问题的循环次数是已知的，对于指定了循环次数的循环，通常采用 for 语句来实现。

(1) 根据题意和算法设计，编写程序。请在下面程序的下画线处填空以完成程序，注意，一个下画线处也可能需要填写多条语句。

```
#include<stdio.h>
int main(void)
{
    int i,fib,fib1,fib2;
    fib1=fib2=1;                    /*迭代初值*/
    printf("%d   %d   ",fib1,fib2);
    for(i=3;i<=12;i++)
    {
        ①
        printf("%d   ",fib);
        fib1=fib2;                  /*新值替代旧值*/
        ②
    }
    printf("\n");
    return 0;
}
```

(2) 生成解决方案，运行程序，查看程序运行结果。正确的结果是：
1   1   2   3   5   8   13   21   34   55   89   144

5. 分别用矩形法、梯形法求定积分 $\int_0^1 \frac{4}{1+x^2}dx$。

【算法设计提示】

函数 $f(x)$ 在 $[a,b]$ 区间上的定积分，其几何意义是求 $f(x)$ 曲线和直线 $x=a, y=0$ 和 $x=b$ 所围成的曲边梯形面积。为近似求得此面积，可将 $[a,b]$ 区间分成 n 个小区间，每个区间宽度为 $(b-a)/n$，可近似求解每个小曲边梯形的面积之和来近似定积分的值。n 值越大，近似程度越高。近似求小曲边梯形面积的方法主要有三种：用矩形代替小曲边梯形（矩形法）；用梯形代替小曲边梯形（梯形法）；在每个小区间内用一条抛物线来近似该区间上的 $f(x)$ 值（辛普生法）。

(1) 矩形法

函数 $y=f(x)$ 曲线和 x 轴及直线 $x=a$、$x=b$ 所围成区间的面积可近似求解如下：

$$\int_a^b f(x)dx = \lim_{n\to\infty}\sum_{i=1}^n f(x_i)\Delta x, \text{式中 } \Delta x = \frac{b-a}{n}。$$

n 等分区间 $[a,b]$，$\Delta x_1 = \Delta x_2 = \cdots = \Delta x_i = \cdots = \frac{b-a}{n}$，用 h 表示，则 $h=(b-a)/n$，且 $x_i = a+i*h, x_{i-1} = a+(i-1)*h$。

如图 5-1 所示，将每个小曲边梯形的面积用小矩形面积 ΔS_i 来近似，即：

$$\Delta S_i = \frac{b-a}{n} \cdot y_{i-1}, 式中: y_{i-1} = f(x_{i-1})$$

则:$\Delta S = \sum_{i=1}^{n} \Delta S_i$

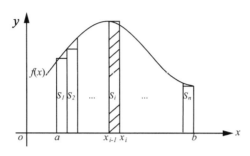

图 5-1 矩形法

当 n 较大时,ΔS 即为所求积分的近似值。

根据题意,a=0,b=1,f(x)=4/(1+x*x)。设变量 h=(b-a)/n=1/n;s 为面积之和,初值为 0;函数 f(x)用 f0 表示,当 x=0 时,f0=4;循环变量 i 从 1 变化到 n,每次增加 1。

在循环体中,根据上面的公式,当 i=1 时,Δs1=h*Δs0,接着求出 y1=f(x1),而 x1=i*h=1*h,所以 y1=4/(1+x1*x1);当 i=2 时,Δs2=h*Δs1,接着求出 y2=f(x2),x2=i*h=2*h;依此类推,求出每个 Δsi 和 Δs。

根据算法设计,编写用矩形法求定积分的程序如下:

```
#include<stdio.h>
int main(void)
{
    float s,f0,h,x;
    int n,i;
    printf("输入区间分隔数 n:");
    scanf("%d",&n);

    h=1.0/n;
    f0=4.0;   /*初值,x=0.0 时 f(0.0)=4.0*/
    s=0.0;
    for(i=1;i<n;i++)
    {
        s+=f0*h;
        x=i*h;
        f0=4/(1+x*x);
    }

    printf("s=%f\n",s);
```

```
        return 0;
}
```

请编辑程序,生成解决方案,运行程序。当运行程序时,输入 n 的值为 10000,查看运行结果。正确的结果为 s=3.141493(不同环境运行的结果会有小的差异)。

(2)梯形法

(1)中的矩形法是用矩形代替小曲边梯形,而梯形法是将每一个小曲边梯形用一个直角梯形来近似,则 $[x_{i-1}, x_i]$ 区间的面积可近似表示为:$\Delta S_i = \dfrac{(x_i - x_{i-1})(y_i + y_{i-1})}{2}$。

n 个梯形面积的和为:$S = \sum_{i=1}^{n} \Delta S_i$。

n 等分区间 $[a,b]$,$\Delta x_1 = \Delta x_2 = \cdots = \Delta x_i = \cdots = \dfrac{b-a}{n}$,用 h 表示,则 $h = (b-a)/n$,且有 $x_i = a + i \times h$,$x_{i-1} = a + (i-1)*h$。

则:$\Delta S_i = \dfrac{(y_i + y_{i-1})}{2} \Delta x_i$

有:$S \approx \sum_{i=1}^{n} \dfrac{(y_i + y_{i-1})}{2} \Delta x_i = h \sum_{i=1}^{n} \dfrac{(y_i + y_{i-1})}{2} = h(y_0/2 + y_1 + y_2 + \cdots + y_{n-1} + y_n/2)$

请根据题意和算法设计,编写用梯形法求定积分的程序。并生成解决方案和运行程序。

实验 2 嵌套循环

【实验目的】

熟练掌握嵌套循环程序设计。

【要点提示】

(1)循环的嵌套可以多层,但每一层循环在逻辑上必须是完整的。使用嵌套循环时,要正确区分外循环和内循环。

(2)注意恰当地使用一对花括号构造复合语句。

【实验内容】

1.程序填空:计算 1+22+333+4444+⋯ 的前 n 项的和,其中 n 由用户输入(约定n<10)。

【算法设计提示】

计算 1+22+333+4444+⋯ 的前 n 项和的算法关键点是求出每一项的值。而每一项的值有这样的规律可循:对于第 1 项,是 1 位数,数字为 1;对于第 2 项,是 2 位数,数字为 2;⋯;对于第 i 项(i≤n<10),是 i 位数,数字为 i。对于每一项(设用变量 t 表示)如第 3 项:333,可以用一个循环来得到。设循环变量为 j,j 从 0 变化到 2,每次加 1,共循环 3 次,j=0 时,t=10*0+3;j=1时,t=10*3+3,j=2 时,t=10*33+3。因此,求 333 的通式可以写成 t=10*t+3。其中赋值号右边的 t 为上次循环求出的 t 值,赋值号左边的 t 为本次循环新得到的值。

程序用两层循环来实现,其中外层循环控制项数 n,循环变量 i 从 1 到 n,每次增加 1,内层循环求出每一项的值,循环变量 j 从 0 到 i,每次增加 1。

(1)请根据题意和算法设计,在下面程序的下画线处填空以完成程序。

```c
#include<stdio.h>
#include<stdlib.h>
int main(void)
{
    int sum,t;
    int n,i,j;
    printf("Please input how many terms you want the computer to calculate(1—9):\n");
    scanf("%d",&n);
    if(n<1 || n>=10)
    {
        printf("Overflow！\n");
        exit(0);
    }
    sum=0;
    for(i=1;i<=n;i++)
    {
        ①
        for(j=0;j<i;j++)            /*内层循环求每一项的值*/
        ②
        sum+=t;
    }
    printf("sum=%d\n",sum);
    return 0;
}
```

(2)生成解决方案，运行程序，查看程序运行结果。例如，运行时输入 n 的值为 5，则正确的结果是 sum=60355。

(3)求解每一项值的算法有多种，也可以调用数学库函数 pow() 来计算 t 的值。请修改程序，调用 pow() 库函数计算每一项 t，并生成解决方案和运行程序。

2. 编写程序：输出 2~1000 之间的所有完数（或称完全数）。

【算法设计提示】

所谓完数，是指这样的数，该数的各因子（除该数本身外）之和正好等于该数本身。如 6=1+2+3 就是一个完数。

根据题意，求 2~1000 之间的完数，就是要找出在 2~1000 区间内的满足完数条件的数。可以使用穷举法。穷举法（或称枚举法）是算法设计中最常用的方法之一。穷举的基本思想是，对问题的所有可能状态一一测试，直到找到解或将全部可能状态都测试为止。穷举法编程主要是使用循环语句和选择语句，循环语句用于穷举所有可能的情况，而选择语句判定当前的条件是否为所求的解。

对于本题，首先要解决的是：如何判断整数 m 是否为完数。由数学知识可知：数 m 的除该数本身外的所有因子都在 1~m/2 之间。算法中要得到因子之和，只要在 1~m/2 之间找到所有整除 m 的数,将其累加起来即可。如果累加和与 m 本身相等,则表示 m 是一个完数,可以将 m 输出。这可以用一个循环结构来完成。算法描述见表 5-2。

表 5-2　　　　　　　　　　　　算 法 描 述

输出:2~1000 之间的完数。
1. 定义 int 型变量 m、i、sum,其中,m 为 2~1000 之间的某个数,sum 表示数 m 的各个因子之和;
2. m=2;
3. 判断 m<=1000 是否为真,如果为真,执行步骤 4,否则执行步骤 11;
4. sum=0;
5. i=1;
6. 判断 i<=m/2 是否为真,如果为真,执行步骤 7,否则执行步骤 9;
7. 如果 m%i==0 为真,表示 i 是 m 的一个因子,则 sum+=i;
8. i++,转向步骤 6;
9. 如果 m==sum 为真,表示 m 是一个完数,输出 m 的值;
10. m++,转向步骤 3;
11. 程序结束。

请根据算法设计和算法描述,编写输出 2~1000 之间所有完数的程序。并生成解决方案和运行程序,查看程序的运行结果。2~1000 之间的完数有:6、28、496。

3. 程序填空:计算机判卷。

题目:小学生除法测验,10 道题,每题 10 分。题目随机产生,被除数是 20~200 之间的数,除数是 2~9 之间的一位数。题目应保证被除数能被除数整除。小学生键入答案,计算机判卷,马上显示对错。做对了加 10 分,错了不许重做。最后给出成绩。

【算法设计提示】

根据题意,要随机产生被除数和除数,可以调用 C 标准库函数 rand( ) 来实现,rand( ) 函数可以产生一个随机数,在头文件 stdlib. h 中定义。

题目要求 10 道题,所以采用两层循环结构。设被除数为 x,除数为 y,小学生键入的答案为 s,成绩为 t。则该题可分以下几个步骤求解:

① 外循环控制题目数。设外循环变量为 i,则 i 从 1 至 10,每次增加 1。
② 内循环用于生成题目。产生随机数 x(被除数),y(除数),直到 x 能被 y 整除。
③ 判断小学生键入的 s(答案)和除式 x/y 是否相等。
④ 计算机判卷加分,做对一题加 10 分。
⑤ 两层循环结束,打印成绩。

(1)请根据题意和算法设计,在下面程序的下画线处填空以完成程序。

```
#include<stdio. h>
#include<stdlib. h>
#include<time. h>
int main( void)
```

```
            int x,y,s,t=0,i;
            srand((int)(time(0)));/*将当前系统时间设定为种子,使得每次执行程序,rand
函数拟产生不同的随机数*/
            for(i=1;i<=10;i++)
            {
                do
                {
x=rand()%181+20;/* rand()%181+20 是取值范围在 20~200 之间的随机数*/
y=rand()%8+2;      /* rand()%8+2 是取值范围在 2~9 之间的随机数*/
                }while(x%y);                /*直到 x 能被 y 整除*/
                printf("%d/%d=",x,y);    /*显示算式*/
                printf("Please input the answer:\n");
                scanf("%d",&s);
            ①
            {
                ②
                printf("Ok！\n");        /*答案正确输出 Ok*/
            }
             else
                    printf("Error！\n");    /*答案错误输出 Error**/
        }
        printf("score=%d\n",t);/*输出总分*/
        return 0;
}
```

(2)生成解决方案,运行程序,查看程序运行结果。

实验 3　continue 和 break 语句

【实验目的】

(1)理解 continue 和 break 语句在循环体中使循环提前终止的不同作用。

(2)学会在程序中正确使用 continue 语句和 break 语句。

【要点提示】

(1)break 语句有两个用途:一是用在 switch 语句中,当 break 语句出现在 switch 语句体内时,其作用是跳出该 switch 语句体;二是用在循环中,当 break 语句出现在循环体中但并不在 switch 语句体内时,则在执行 break 语句后,跳出本层循环体。continue 语句只能用在循环中,它的作用是跳过本次循环体中余下尚未执行的语句,进行下一次循环。

(2)在 while 和 do-while 循环中,continue 语句使得流程直接跳到循环控制条件的测试部分,然后决定循环是否继续进行。在 for 循环中,遇到 continue 语句后,跳过循环体中余下的语句，转向计算 for 语句中表达式 3 的值，然后再次计算表达式 2 的值，根据表达式 2 的值来决定 for 循环是否执行。而 break 语句是跳出本层循环，从而提前结束本层循环。

【实验内容】

1. 分析程序运行结果。

有下面的程序：

```c
#include<stdio.h>
int main(void)
{
    int a,b;
    for(a=1,b=1;a<=100;a++)
    {
        printf("a=%d,",a);
        if(b>=20)
            break;
        if(b%3==1)
        {
            b+=3;
            continue;
        }
        b-=5;
    }
    printf("\n");
    return 0;
}
```

请编辑程序，生成解决方案，运行程序。并回答下面的问题：

(1) 第 1 次执行 continue 语句时，a 的值是多少？b 的值是多少？
(2) 执行了 continue 语句后，程序转向执行哪条语句或表达式？
(3) 什么情况下执行语句 b-=5;，该语句执行了吗？
(4) 执行 break 语句时，a 的值是多少？b 的值是多少？
(5) 执行了 break 语句后，程序转向执行哪条语句？
(6) 写出程序的运行结果。

2. 分析程序运行结果。

有下面的程序：

```c
#include<stdio.h>
int main(void)
{
    int k=0;
```

```
char c = 'A';
do
{
    switch(c++)
    {
        case 'A':k++;   break;
        case 'B':k--;
        case 'C':k+=2;break;
        case 'D':k=k%2;continue;
        case 'E':k=k*10;break;
        default:k/=3;
    }
    k++;
}while(c<'G');
printf("k=%d\n",k);
return 0;
}
```

请编辑程序，生成解决方案，注意程序的执行过程，理解 continue 和 break 语句在循环中的作用。并回答下面的问题：

(1) 循环体执行了几次？

(2) 第几次循环执行了 continue 语句，执行后转向执行哪条语句或表达式？

(3) 执行了 case 'C'：k+=2；break；中的 break 语句后，转向执行哪条语句？这里的 break 语句是终止 switch 语句的执行还是终止 do-while 语句？

(4) 写出程序的运行结果。

3. 编写程序，计算本息。

银行的年利息为 2.8%(以复利计)，假设某储户存入本金 8000 元，三年后银行的年利息降为 2.7%(仍以复利计)。当满足下列两条件之一时，储户从银行将钱取出：

(1) 储蓄满 10 年；

(2) 连本带利超过 10000 元。

求解：储户将会于第几年将钱取出，取出时连本带息是多少？

【算法设计提示】

循环的条件有两个，一个是存储 10 年，设循环变量 year 表示存储年份，则 year 从 1 循环到 10，当 year 大于 10 时，退出循环。另一个是金额，设在循环中求出当年连本带息的金额 money，当 money>10000 时，循环结束。前 3 年每年的金额为 money = money * (1+0.028)；后面的年份利息降为 2.7%。

请根据算法设计，编写程序求出储户将会于第几年将钱取出，及取出时连本带息的金额，并生成解决方案和运行程序(参考答案：9 年，本息为 10197.46)。

常见错误

1. 在不该加分号的地方多加了分号。

例如，将 for(i=0；i<5；i++) scanf("%d"，&a[i])；写成 for(i=0；i<5；i++)；scanf("%d"，&a[i])；

2. 在循环语句中没有正确使用复合语句。

当循环体内的语句有两条及以上时，应该用一对花括号将它们组成复合语句。

3. 在循环结构中没有使循环终止的条件。

4. 忽视了 while 和 do-while 语句在细节上的区别。

5. 在循环体中修改循环变量导致错误结果，这种错误常出现在 for 循环中。

6. 对 for 语句的执行过程理解有误。

7. 循环嵌套时某些语句未置于适当的循环体中。

应正确区分哪些语句属于内循环体，哪些语句属于外循环体，要恰当地使用一对花括号构造复合语句。

习题 5

一、单项选择题

1. 下面选项中关于下面程序段的说法正确的是_____。

    int x=-1；
    do ｛x=x*x；｝while(！x)；

    （A）死循环　　　　　　　　（B）循环执行 2 次
    （C）循环执行 1 次　　　　　（D）有语法错误

2. 当输入 china？时，下面程序运行后的输出结果是_____。

    #include<stdio.h>
    int main(void)
    ｛
        while(putchar(getchar())！='？')；
        return 0；
    ｝

    （A）china　　（B）dijob　　（C）dijob？　　（D）china？

3. 变量 t 是 int 类型，进入下面的循环之前，t 的值为 0，则对于 while(t=1)｛……｝下面叙述正确的是_____。

    （A）循环控制表达式为假　　　（B）循环控制表达式为真
    （C）循环控制表达式不合法　　（D）以上说法都不对

4. 运行下面的程序段后_____。

    int x=0，s=0；
    while(！x！=0)
    s+=++x；

printf("%d", s);
   (A)输出 0　　　　　　　　　　(B)输出 1
   (C)控制循环的表达式是非法　　(D)执行无限次
5. 对于下面的程序段：选项中描述正确的是_____。
   int k=10;
   while(k=0)
       k=k-1;
   (A)while 循环执行 10 次　　　 (B)循环是无限循环
   (C)循环体语句一次也不执行　　(D)循环体语句执行一次
6. 以下能正确计算 1×2×3×4×…×10 的程序段是_____。
   (A)do {i=1; s=1; s=s*i; i++;} while(i<=10);
   (B)do {i=1; s=0; s=s*i; i++;} while(i<=10);
   (C)i=1; s=1; do {s=s*i; i++;} while(i<=10);
   (D)i=1; s=0; do {s=s*i; i++;} while(i<=10);
7. 以下选项中描述正确的是_____。
   (A)由于 do-while 循环体中的语句只能是一条可执行语句，所以循环体内不能使用复合语句
   (B)do-while 循环由 do 开始，用 while 结束，因此在 while(表达式)后无需加分号
   (C)在 do-while 循环体中，一定要有能使 while 后面表达式的值变为"假"的操作
   (D)在 do-while 循环中，根据情况可以省略 while
8. 下面程序段输出结果是_____。
   int x=-3;
   do
   {
       printf("%3d", x+=2);
   }while(!(++x));
   (A)1 -2　　　(B)3 2　　　(C)2 3　　　(D)-1 2
9. C语言 for 语句中的表达式可以部分或全部省略，但两个_____不可省略。当三个表达式均省略后，因缺少判断条件，循环可能会无限制地进行下去。
   (A)<　　　　(B)++　　　(C);　　　　(D),
10. 对于 for(表达式1；　；表达式3)可理解为_____。
    (A)for(表达式1；　0；表达式3)
    (B)for(表达式1；　1；表达式3)
    (C)for(表达式1；表达式1；表达式3)
    (D)for(表达式1；表达式3；表达式3)
11. 若 i 为整型变量，则下面循环执行的次数是_____。
    for(i=2; i==0;)
        printf("%d", i--);
    (A)无限次　　(B)0 次　　 (C)1 次　　 (D)2 次
12. 下面程序运行后的输出结果是_____。

```
#include<stdio.h>
int main(void)
{
    int x;
    for(x=1; x<50; x++)
    {   if(x%3==-1)
            if(x%5==2)
                printf("%3d", x);
    }
    return 0;
}
```

  (A)7 22 37 (B)6 21 36 (C)7 21 37 (D)7 22 36

13. for(x=0,y=0;(y=123)&&(x<4);x++);循环的执行次数是_____。
  (A)是无限循环   (B)循环次数不定
  (C)执行 4 次   (D)执行 3 次

14. 设 i 为整型量,执行循环语句 for(i=500;i>=0;i-=100);后,i 值为_____。
  (A)500 (B)0 (C)100 (D)-100

15. 在下列选项中,没有构成死循环的程序段是_____。
  (A)int i=100; while(1) {i=i%100+1;if(i>100)break;}
  (B)for(;;);
  (C)int k=1000; do{--k;} while(k);
  (D)int s=36;while(s>=0);++s;

16. 选项中对下面程序段描述正确的是_____。
```
int t=0;
while(printf("*"))
{
    t++;
    if(t<3)
       break;
}
```
  (A)其中循环控制表达式与 0 等价
  (B)其中循环控制表达式与'0'等价
  (C)其中循环控制表达式是不合法的
  (D)以上说法都不对

17. 下面程序段的输出结果是_____。
```
int i,s=1;
for(i=1;i<50;i++)
if(!(i%5)&&!(i%3))
s+=i;
```

```
printf("%d\n",s);
```
　　(A)409　　　(B)277　　　(C)1　　　(D)91

18.下面程序段的输出结果是_____。
```
int x,i;
for(i=1;i<=100;i++)
{
    x=i;
    if(++x%2==0)
        if(++x%3==0)
    if(++x%7==0)
        printf("%d ",x);
}
```
　　(A)39 81　　(B)42 84　　(C)26 68　　(D)28 70

19.下面程序段的输出结果是_____。
```
int i,j;
for(i=0;i<4;i++)
for(j=0;j<3;j++)
printf(" * ");
```
　　(A) * * *　　　　　　　　(B) * * * *
　　(C) *　　　　　　　　　　(D) * * * * * * * * * * * *

20.下面程序段的输出结果是_____。
```
int i=5;
for( ;i<=15;)
{
    i++;
    if(i%4==0)
        printf("%d ",i);
    else
        continue;
}
```
　　(A)8 12 16　　(B)8 12　　(C)12 16　　(D)8

21.下面选项中正确的描述是_____。
　　(A)continue 语句的作用是结束整个循环的执行
　　(B)只能在循环体内和 switch 语句内使用 break 语句
　　(C)在循环体内,使用 break 语句和使用 continue 语句的作用是相同的
　　(D)从多层循环嵌套中退出时,只能使用 goto 语句

22.选项中对下面程序段描述正确的是_____。
```
int x,t;
for(t=1;t<=100;t++)
{
```

```
        scanf("%d",&x);
        if(x<0)
            continue;
        printf("%3d",t);
    }
```
 (A)当 x<0 时整个循环结束　　　　(B)当 x>=0 时什么也不输出
 (C)printf 函数永远也不执行　　　　(D)最多允许输出 100 个非负整数

23. 以下选项中是无限循环的程序段是_____。
 (A)for(i=1;;) {if(++i%2==0) continue;if(++i%3==0) break;}
 (B)short int i;i=32767;do { if(i<0) break;} while(++i);
 (C)for(i=1;;) if(++i<10) continue;
 (D)i=1;while(i--);

24. 下面程序运行后的输出结果是_____。
```
#include<stdio.h>
int main(void)
{
    int i,b,k=0;
    for(i=1;i<=5;i++)
    {
        b=i%2;
        while(b-->=0)
            k++;
    }
    printf("%d,%d\n",k,b);
    return 0;
}
```
 (A)3,-1　　　　(B)8,-1　　　　(C)3,0　　　　(D)8,-2

25. 下面描述正确的是_____。
 (A)goto 语句只能用于退出多层循环
 (B)switch 语句中不能出现 continue 语句
 (C)只能用 continue 语句来终止本次循环
 (D)在循环中 break 语句不能独立出现

26. 以下不正确的描述是_____。
 (A)break 语句不能用于循环语句和 switch 语句外的任何其他语句
 (B)在 switch 语句中使用 break 语句或 continue 语句的作用相同
 (C)在循环语句中使用 continue 语句是为了结束本次循环,而不是终止整个循环的
    执行
 (D)在循环语句中使用 break 语句是为了使流程跳出循环体,提前结束循环

27. 以下叙述正确的是_____。
 (A)for 循环中的 break 语句表示当条件成立时中止程序执行

(B)for 循环中的 continue 语句表示当条件成立时中止本层循环
(C)for 循环中的 break 语句表示当条件成立时中止本层循环
(D)for 循环中的 break 语句表示当条件成立时暂停本次循环

28.下面程序段输出的 i 值是_____。
```
int i;
for(i=1;i<=100;i++)
    if((i*i>=150)&(i*i<=200))
        break;
printf("%d\n",i);
```
(A)10   (B)11   (C)12   (D)13

29.下面程序段在执行完成后,a 的值为_____。
```
int j=0,k=0,a=0;
while(j<2)
{
    j++;  a=a+1;  k=0;
    while(k<=3)
    {
        k++;
        if(k%2!=0)
            continue;
        a=a+1;
    }
    a=a+1;
}
```
(A)4   (B)6   (C)8   (D)10

30.下面程序段在执行完成后,s 的值为_____。
```
int i=0,s=0;
do
{
    if(i%2)
    {
        i++;
        continue;
    }
    i++;s+=i;
}while(i<7);
```
(A)12   (B)16   (C)21   (D)28

二、填空题

1.下面程序段的输出结果是_____。
```
int a=0,i=0;
```

```
    while(a<=6)
    {
        ++i;
        a+=i;
    }
    printf("%d\n",a);
```

2. 下面程序段的输出结果是_____。
```
    int i;
    for(i=100;i>=0;i-=10);
    printf("%d\n",i);
```

3. 当运行下面程序时,从键盘键入 language?↙,则下面程序的运行结果是_____。
```
    #include<stdio.h>
    int main(void)
    {
        char c;
        while((c=getchar())!='?')
        putchar(++c);
        return 0;
    }
```

4. 下面程序段的输出结果是_____。
```
    int a,s,n,count;
    a=2;s=0;n=1;count=1;
    while(count<=7)
    {
        n=n*a;
        s=s+n;
        ++count;
    }
    printf("%d",s);
```

5. 执行下面程序段后,k 值是_____。
```
    int k=1,n=263;
    do
    {
        k*=n%10;
        n/=10;
    }while(n);
    printf("%d\n",k);
```

6. 下面程序段的输出结果是_____。
```
    int x=2;
    do
```

```
        printf(" * ");
        x--;
    }while(! x==0);
```

7.下面程序段的输出结果是_____。
```
    int x=5;
    do
    {
        printf("%d",x);--x;
    }while(x);
```

8.当运行下面程序段时,从键盘键入 1␣2␣3␣4␣5␣-1↙,则下面程序的运行结果是_____。
```
    int k=0,n;
    do
    {
        scanf("%d",&n);
        k+=n;
    }while(n! =-1);
    printf("k=%d n=%d\n",k,n);
```

9.下面程序段的输出结果是_____。
```
    int x=-5;
    do
    {
        printf("%3d",x+=2);
    }while(! (x++));
```

10.若输入整数12345↙,以下程序段的输出结果为_____。
```
    int x,y;
    scanf("%d",&x);
    do
    {
        y=x%10;
        printf("%d",y);x/=10;
    }while(x);
```

11.下面程序段使循环结束的条件是_____。
```
    int i;
    for(i=250;i;i-=5);
    printf("%d\n",i);
```

12.C语言中 while 与 do-while 循环的主要区别是_____。

13.下面程序段的输出结果是_____。
```
    int x,y;
```

```
    for(x=30,y=0;x>=10,y<20;x--,y++)
        x/=2,y+=2;
    printf("x=%d,y=%d\n",x,y);
```

14. 下面程序段执行后，m 的值是_____。
```
    int i,j,m=0;
    for(i=1;i<=10;i+=4)
    for(j=3;j<=10;j+=4)
        m++;
```

15. 下面程序段的输出结果是_____。
```
    int i,j;
    for(j=10;j<11;j++)
    {
        for(i=9;i==j-1;i++)
            printf("%d",j);
    }
```

16. 下面程序段的输出结果是_____。
```
    int i=1;
    for(;;i++)
    {
        if(i%3==1)
        {
            printf("%d\n",i);
            continue;
        }
        else
            break;
    }
```

17. 下面程序段的功能是输出 100 以内能被 4 整除且个位数为 8 的所有整数，请填空完成程序。
```
    int i,j;
    for(i=0;_____①_____;i++)
    {
        j=i*10+8;
        if(_____②_____)
            continue;
        printf("%d ",j);
    }
```

18. 下面程序的功能是将从键盘上输入的一对数，由小到大排序输出。当输入一对相等数时结束循环，请填空完成程序。
```
    #include<stdio.h>
```

```
int main(void)
{
    int a,b,t;
    scanf("%d%d",&a,&b);
    while(_____)
    {
        if(a>b)
        {
            t=a;
            a=b;
            b=t;
        }
        printf("%d,%d\n",a,b);
        scanf("%d%d",&a,&b);
    }
    return 0;
}
```

19. 下面程序段是统计输入的字符中数字字符个数,用！字符结束循环,请填空完成程序。
```
int n=0,c;
c=getchar();
while(____①____)
{
    if(____②____)
        n++;
    c=getchar();
}
printf("%d",n);
```

20. 下面程序的功能是完成用一元人民币换成 1 分、2 分、5 分的所有兑换方案,请填空完成程序。
```
#include<stdio.h>
int main(void)
{
    int i,j,k,l=1;
    for(i=0;i<=20;i++)
        for(j=0;j<=50;j++)
        {
            k=____①____;
            if(____②____)
            {
                printf(" %2d %2d %2d",i,j,k);
```

```
                l++;
            if(l%5==0)
                printf("\n");
        }
    }
    return 0;
}
```

三、判断题

1. while 语句 do-while 语句无论什么情况下，二者的执行结果都一样。（   ）

2. C 语言的 while、do-while 和 for 几个循环语句，可以相互嵌套。（   ）

3. 用 do-while 语句构成循环时，只有在 while 后的表达式为非 0 时结束循环。（   ）

4. 要使 for(表达式 1；表达式 2；表达式 3){循环体}不形成死循环，表达式 2 一定不能省略。（   ）

5. while 循环的 while( )后没有分号，而 do-while 循环的 while( )后一定要有一个分号。（   ）

6. continue 语句的功能就是结束本层循环。（   ）

7. 对用 goto 语句和 if 语句构成的循环，不能用 break 语句和 continue 语句进行控制。（   ）

8. break 语句不能用于循环语句和 switch 语句之外的任何其他语句。（   ）

9. 在多层循环嵌套中，可以共用一个 continue 结束各层的本次循环。（   ）

10. 三种循环(for 循环、while 循环和 do-while 循环)互相嵌套时，必须使用相同的循环控制变量。（   ）

四、阅读程序题

1. 读程序，写出程序运行结果。

```c
#include<stdio.h>
int main(void)
{
    int a=0;
    while(a*a*a<=10)
        ++a;
    printf("a=%d\n",a);
    return 0;
}
```

2. 读程序，写出程序运行结果。

```c
#include<stdio.h>
int main(void)
{
    int i=1,a=0,s=1;
    do
    {
```

```
            a=a+s*i;
            s=-s;
            i++;
        }while(i<=10);
        printf("a=%d",a);
        return 0;
    }
```

3. 读程序,写出程序运行结果。
```
    #include<stdio.h>
    int main(void)
    {
        int a,i;
        for( a=1,i=-1;-1<=i<1;i++)
        {
            a++;
            printf("%2d",a);
        }
        printf("%2d",i);
        return 0;
    }
```

4. 下面程序运行时若输入 3.6␣2.4,请写出程序的运行结果。
```
    #include<stdio.h>
    #include<math.h>
    int main(void)
    {
        float x,y,z;
        scanf("%f%f",&x,&y);
        z=x/y;
        while(1)
        {
            if(fabs(z)>1.0)
            {
                x=y;
                y=z;
                z=x/y;
            }
            else break;
        }
        printf("%.2f\n",y);
        return 0;
    }
```

5. 读程序,写出程序运行结果。
```c
#include<stdio.h>
int main(void)
{
    int i=1,j=0;
    do
    {
        if(i%3==2&&i%5==3&&i%11==5)
        {
            printf("%4d",i);
            j=j+1;
            if(j%5==0)
                printf("\n");
        }
        i=i+1;
    }while(i<100);
    return 0;
}
```

6. 下面程序运行时若输入 student#,请写出程序的运行结果。
```c
#include<stdio.h>
int main(void)
{
    int v1=0,v2=0;
    char ch;
    while((ch=getchar())!='#')
        switch(ch)
        {
            case 'd':
            case 't':
            default: v1++;
            case 'a': v2++;
        }
    printf("%d,%d\n",v1,v2);
    return 0;
}
```

7. 下面程序运行时若输入 65␣14,请写出程序的运行结果。
```c
#include<stdio.h>
int main(void)
{
```

```
       int m,n;
       printf("Enter m,n:\n");
       scanf("%d%d",&m,&n);
       while(m!=n)
       {
           while(m>n)
               m-=n;
           while(n>m)
               n-=m;
       }
       printf("m=%d\n",m);
       return 0;
   }
```

8. 读程序,写出程序运行结果。
```
   #include<stdio.h>
   int main(void)
   {
       int i,s,k,count=0;
       for(i=1;i<=30;i++)
       {
           s=0;k=i;
           while(k!=0)
           {
               s=s+k%10;
               k=k/10;
           }
       if(s==6)
           count++;
       }
       printf("%d\n",count);
       return 0;
   }
```

9. 读程序,写出程序运行结果。
```
   #include <stdio.h>
   int main(void)
   {
       int n=0;
       for(;n+4;n++)
       {
           if(n>5&&n%3==1)
```

```
            }
                printf("%d\n",n);
                break;
            }
            printf("%d,",n++);
        }
        return 0;
    }
```

10. 下面程序运行时若输入 18,请写出程序的运行结果。
```
    #include<stdio.h>
    int main(void)
    {
        int flag,num,i;
        i=2;flag=1;
        scanf("%d",&num);
        printf("%d=",num);
        while(num!=1)
        {
            if(num%i==0)
            {
                if(flag)
                {
                    flag=0;
                    printf("%d",i);
                }
                else
                    printf(" * %d",i);
                num/=i;
            }
            else
                i++;
        }
        return 0;
    }
```

五、编程题

1. 编写程序,求 $\sum_{n=1}^{100} n + \sum_{m=1}^{50} m^2 + \sum_{k=1}^{10} \frac{1}{k}$。

2. 编写程序,提示用户输入一个数 n,然后显示出 $1 \sim n$ 的所有偶数的平方值。如输入 n 为 10,则程序应该显示:4、16、36、64 和 100。

3. 编写程序，求 e 的值，$e \approx 1+\dfrac{1}{1!}+\dfrac{1}{2!}+\dfrac{1}{3!}+\dfrac{1}{4!}+\cdots$

（1）用 for 循环，计算前 50 项。

（2）用 while 循环，要求直至最后一项的值小于 10^{-6}。

4. 编写程序，输入一个整数，求它的各位数字之和及位数。例如 234 的各位数字之和是 9，位数是 3。

5. 编写程序，打印如下图形。

```
        *
       * *
      * * *
       * *
        *
```

第6章 数　　组

实验1　一维数组

【实验目的】
(1)掌握一维数组的定义、初始化和引用方法。
(2)掌握使用单循环和多重循环处理一维数组的程序设计方法。
(3)掌握与一维数组相关的常用算法。

【要点提示】
(1)数组必须先定义后使用。在定义数组时，应该说明数组的名字、类型、大小和维数。
(2)只允许使用常量表达式来定义数组的大小，常量表达式中可以包含整型常量或符号常量，并且该常量表达式计算结果的数据类型必须是整型的。
(3)数组名代表的是数组在内存中的首地址，因此不能用数组名一次引用整个数组，只能逐个引用数组元素。
(4)数组元素的下标从0开始计算，当下标超出范围时，程序可能执行不可预知的行为。

【实验内容】
1. 某场比赛有N个评委对参赛选手打分，参赛选手的最终得分是去掉一个最高分和一个最低分后的平均分。编写程序从键盘输入每位评委的评分，计算某位选手的得分。请将以下程序中未实现的部分补充完整。

【算法设计提示】
定义数组存储每位评委的评分，然后通过循环结构将所有评分累加，并比较得到最高分和最低分，循环结束后用累加评分减去最高分和最低分并求平均分。

```
#include<stdio.h>
#define N 10
int main(void)
{
    float score[N],sum,min,max,ave;
    int i;
    printf("请输入%d位评委的评分:\n",N);
    printf("请输入第1位评委的评分:\n");
    scanf("%f",&score[0]);
```

```
    sum = min = max = score[0];
    for(i = 1;i<N;i++)
    {
     /* 请将此处代码补充完整 */
     /* 输出要求输入数据的提示信息 */
     /* 用数组 score 保存输入的得分 */
     /* 用 sum 计算输入得分的累加和 */
     /* 用输入得分与 max 和 min 比较,找到最高分和最低分 */
    }
    /* 按题意计算平均分 */
    printf("该选手的得分是:%.2f\n",ave);
    return 0;
}
```

2. 将某班 30 名同学的 C 语言期末考试成绩按由高到低排序,计算平均成绩,并统计高于平均分的人数。请将以下程序中未实现的部分补充完整。

【算法设计提示】

冒泡法的基本思想是将两两相邻的元素进行比较,如果前一个元素大于后一个元素,就交换这两个元素,当依次两两相邻的元素比较结束,最大值移向底部时第 1 轮结束。在排序过程中数值较大的数逐渐从顶部移向底部,数值较小的数逐渐从底部移向顶部,就像水底的气泡一样逐渐向上冒。若要使 n 个数按顺序排列必须进行 n-1 轮排序,且第 i 轮排序要进行 n-i 次比较。在一轮冒泡排序的过程中,如果所有参与比较的元素都没有进行交换,说明数组中所有元素已经是有序的,排序过程应该结束了。可以在程序中用标记变量标记在某一轮排序过程中是否存在交换。

```
#include<stdio.h>
#define N 30
int main(void)
{
    float a[N],temp,ave,sum = 0;
    int i,j,flag;
    printf("请输入%d 个数:\n",N);
    for(i = 0;i<N;i++)
        scanf("%f",&a[i]);
    /* 请将此处代码补充完整,采用双重循环实现冒泡排序 */
    printf("排序后的%d 个数:\n",N);
    for(i = 0;i<N;i++)
        printf("%f   ",a[i]);
    printf("\n");
    /* 请将此处代码补充完整,计算平均成绩并输出 */
```

/*请将此处代码补充完整,统计高于平均分的人数并输出*/
return 0;
}

3. 将用户输入的十进制数转换成任意进制的数。

【算法设计提示】

进制之间转换采用辗转相除法。由用户输入十进制数(用变量 n 表示),以及要转换的进制(用变量 base 表示),然后将转换的结果存储在一维数组 num[32]中。

```
#include<stdio.h>
int main(void)
{
    int i=0,base,num[32];
    long int n;   char c;
    printf("Input num:");
    scanf("%ld",&n);
    printf("Input base:");
    /*请将此处代码补充完整,输入要转换的进制 base*/
    /*请在下面程序的下画线处填空,完成进制转换并输出*/
    for(i=0;n!=0;i++)
    {
        num[i]= ① ;
        n= ② ;
    }
    printf("the result is:");
    for(i--;i>=0;i--)
    {
        if(num[i]>=0&&num[i]<=9)    c= ③ ;
        else    c= ④ ;
        printf("%c",c);
    }
    return 0;
}
```

实验 2 二维数组

【实验目的】

(1)掌握二维数组的概念、定义、初始化和引用方法。

(2)掌握使用双重循环处理二维数组的程序设计方法。

（3）掌握与二维数组相关的算法。

【要点提示】

（1）二维数组带两个下标，有两个下标运算符。

（2）二维数组的元素是按行的顺序依次存放的，数组名代表的是数组在内存中的首地址，因此不能用数组名一次引用整个数组，只能逐个引用数组元素。

（3）数组元素的下标从 0 开始计算，当下标超出范围时，程序可能执行不可预知的行为。

【实验内容】

1. 计算并输出杨辉三角形(要求打印出 10 行)。

```
1
1   1
1   2   1
1   3   3   1
1   4   6   4   1
1   5   10  10  5   1
```

【算法设计提示】

杨辉三角形的第一行只有一个数 1，然后下一行比上一行多一个数，两边都是 1，中间各数分别是上一行相对应两个数之和。

使用一个二维数组来存储杨辉三角，用双重循环来处理，只需对下三角的元素进行存储和输出，因此内层循环控制条件为列号 j 小于等于行号 i。

```c
#include<stdio.h>
int main(void)
{
    int i,j;
    int a[10][10];
    printf("\n");
    /*请在下面程序的下画线处填空,生成杨辉三角形存储在数组 a 中*/
    for(i=0;i<10;i++)
    {①;
     ②;
    }
    for(i=2;i<10;i++)
        for(j=1;③;j++)
            a[i][j]=④;
    /*请将此处代码补充完整,输出杨辉三角形*/
    return 0;
}
```

2. 打印阶数为 3~15 的奇数魔方阵。

魔方阵是指元素为自然数 1,2,…,N^2 的 N×N 方阵,每个元素值均不相等,每行、每列以及主、副对角线上各 N 个元素之和都相等。

例如:三阶魔方阵为:

```
8   1   6
3   5   7
4   9   2
```

【算法设计提示】

用二维数组存储魔方阵,从 1 开始,依次放置各自然数,直到 N^2 为止,Dole Rob 算法可以确定插入的每一个元素的下标:

（1）第一个位置在第一行正中。

（2）若最近一个插入元素为 N 的整数倍,则选下一行同列上的位置为新位置。

（3）新位置处于最近一个插入位置的右上方,若超出方阵上边界,则选该列的最下一个位置,若超出右边界,则选该行的最左一个位置。

请根据题意和算法分析,在下面程序的下画线处填空以完成程序。

```c
#include<stdio.h>
#define MAXSIZE 15
int main(void)
{
    int magic[MAXSIZE][MAXSIZE];
    int cur_i=0, cur_j;
    int count,size=0,i,j;
    while((size%2)==0)
    {
        printf("\n enter square size(ODD number):");
        ①;
    }
    cur_j=(size-1)/2;
    for(count=1;count<=size*size;count++)
    {
        magic[cur_i][cur_j]=count;
        if(②)
        {
            cur_i++;continue;
        }
        cur_i--;
        cur_j++;
        if(cur_i<0)③;
```

```
        else if(④)cur_j-=size;
    }
    /*请将此处代码补充完整,输出魔方阵*/
    return 0;
}
```

3. 简易学生成绩查询系统。

下面为学生成绩登记表,要求编程完成如下功能:

(1)录入考试成绩,增加对输入错误参数(负值)的处理。
(2)输出总分最高和最低的学生的学号。
(3)根据输入的学生学号,输出该生各次考试成绩和平均成绩。
(4)根据输入的考试次数,输出该次考试中每个学生的成绩和这次考试的平均成绩。

学生成绩表

学号\考试	第1次	第2次	第3次	第4次	第5次	第6次
1	85	75	81	76	84	92
2	70	68	60	78	58	80
3	66	69	78	67	71	55
4	89	70	86	76	93	87

【算法设计提示】

本题需要定义一个二维数组 score[5][7]来存放学生的学号和成绩(注意下标从1开始),凡用到二维数组时都要用双重循环来存取元素。

(1)定义二维数组 score[5][7]、一维数组 sum[5]、aver[5]和变量。
(2)输入学生成绩,在输入数据的过程中判断数据是否满足>=0的条件。
(3)用双重循环处理二维数组 score 中的数据,计算每个学生的总分。外层循环处理每个学生的成绩,内层循环累计6次考试的总分,用一维数组 sum 和 aver 分别存储学生的总分和平均成绩。
(4)在一维数组 sum 中找到最高分和最低分的元素下标,输出二维数组 score 中对应的学生学号。
(5)输入学生学号,输出二维数组 score 和一维数组 aver 中对应的学生各次考试成绩和平均成绩。
(6)输入考试次数,输出二维数组 score 中对应的考试中每个学生的成绩,计算并输出这次考试的平均成绩。

```
#include<stdio.h>
int main(void)
{
```

```c
int score[5][7],sum[5],aver[5];
int i,j,high=1,low=1,sh,sl;
printf("input score:\n");
for(i=1;i<5;i++)
    for(j=1;j<7;j++)
    {
        scanf("%d",&score[i][j]);
        /*请将此处代码补充完整,在输入数据的过程中判断数据是否满足0~100的条件*/
    }
for(i=1;i<5;i++)
{
    /*请将此处代码补充完整,计算每个学生的总分和平均分,用一维数组 sum 和 aver 中的相应元素分别存储学生的总分和平均分*/
}
sh=sl=sum[1];
for(i=2;i<5;i++)
/*请将此处代码补充完整,在一维数组 sum 中找到最高分和最低分的元素下标*/
printf("%d 总分最高,\n%d 总分最低\n",high,low);
printf("请输入学生学号:");
scanf("%d",&i);
while((i<1)||(i>4))
{
    printf("请重新输入:\n");scanf("%d",&i);
}
/*请将此处代码补充完整,输出二维数组 score 和一维数组 aver 中对应的学生各次考试成绩和平均成绩*/
printf("请输入考试次数:");
scanf("%d",&j);
while((j<1)||(j>6))
{
    printf("请重新输入:\n");scanf("%d",&j);
}
aver[0]=0;
/*请将此处代码补充完整,输出二维数组 score 中对应的考试中每个学生的成绩,并计算这次考试的平均成绩*/
printf("平均成绩:%d\n",aver[0]);
return 0;
}
```

常 见 错 误

1. 数组定义与使用时用错误的括号。C语言规定在定义和使用数组时使用方括号,数组元素的每个下标数据必须分别用方括号括起来,使用圆括号是错误的。
2. 定义数组时下标类型出错。在定义数组时,所用的常量表达式只能是符号常量和整型常量,不能使用变量。
3. 数组名作地址时理解出错。数组名代表数组的首地址,且仅为首地址,是常量不是变量,不能等同于指针变量。

习题 6

一、单项选择题

1. 已定义:float a[5];则数组 a 可引用的元素有_____。
   (A)a[1]~a[5]　　　　　　　(B)a[0]~a[5]
   (C)a[1]~a[4]　　　　　　　(D)a[0]~a[4]
2. 以下数组定义正确的是_____。
   (A)int x[4 * 1.5];
   (B)int x[8-8];
   (C)int n;
   　　scanf("%d", &n);
   　　int x[n];
   (D)#define SIZE 20;
   　　int x[SIZE];
3. 若有以下定义:double w[10];则数组 w 的元素下标范围是_____。
   (A)[0, 10]　　(B)[0, 9]　　(C)[1, 10]　　(D)[1, 9]
4. 已知 int 类型变量在内存中占用4个字节,定义数组 int b[8] = {2, 3, 4};则数组 b 在内存中所占字节数为_____。
   (A)12　　　　(B)16　　　　(C)8　　　　　(D)32
5. 以下描述中正确的是_____。
   (A)数组名后面的常量表达式用一对圆括弧括起来
   (B)数组下标从1开始
   (C)数组下标的数据类型可以是整型或实型
   (D)数组命名的规定与变量名相同
6. 在定义二维数组 int a[3][4];之后,对数组元素引用正确的是_____。
   (A)a[3][3]　　　　　　　　(B)a(1, 2)
   (C)a[2][4]　　　　　　　　(D)a[0][3]
7. 若定义数组 int a[10],其最后一个数组元素为_____。
   (A)a[0]　　(B)a[1]　　(C)a[9]　　(D)a[10]
8. 若定义数组并初始化 int a[10] = {1, 2, 3, 4},以下选项哪一个不成立_____。

(A) a[8]的值为0　　　　　　　(B) a[1]的值为1
(C) a[3]的值为4　　　　　　　(D) a[9]的值为0

9. 若定义数组并初始化 int a[10] = {1, 2, 3, 4}, 以下选项哪一个成立_____。
(A) 若引用 a[10], 编译时报错　　(B) 若引用 a[10], 链接时报错
(C) 若引用 a[10], 运行时出错　　(D) 若引用 a[10], 运行时报错

10. 指出以下错误语句_____。
(A) int n = 10, a[n];
(B) int n, a[10];
(C) int a[10] = {1, 2, 3};
(D) int a[10] = {1, 2, 3, 4, 5, 6, 7, 8, 9, 10};

11. 若定义数组并初始化 int a[10] = {1, 2, 3, 4}, 以下语句哪一个不成立_____。
(A) a[10]是 a 数组的最后一个元素的引用
(B) a 数组中有 10 个元素
(C) a 数组中每个元素都为整数
(D) a 数组是整型数组

12. 以下数组定义中错误的是_____。
(A) #define N 30
    int a[N+30];
(B) #define N 30
    int a[N];
(C) int a[30];
(D) int a[N];

13. 一维数组初始化时, 若对部分数组元素赋初值, 则下面正确的说法是_____。
(A) 可以只对数组的前几个元素赋初值
(B) 可以只对数组的中间几个元素赋初值
(C) 可以只对数组的后几个元素赋初值
(D) 以上说法全部正确

14. 在定义一个一维数组时, 不能用来表示数组长度的是_____。
(A) 常量　　　　　　　　　　　(B) 符号常量
(C) 常量表达式　　　　　　　　(D) 已被赋值的变量

15. 决定数组所占内存单元多少的是_____。
(A) 数组的长度
(B) 数组的类型
(C) 数组在初始化时被赋值的元素的个数
(D) 数组元素的个数及其类型

16. 若 float 型变量占用 4 个字节, 有定义 float a[20] = {1.1, 2.1, 3.1}; 则数组 a 在内存中所占的字节数是_____。
(A) 12　　　　(B) 20　　　　(C) 40　　　　(D) 80

17. 如已有定义: int a[4]; 若要把 10, 20, 30, 40 分别赋值给数组 a 的 4 个元素, 下面正确的赋值方式是_____。

(A)scanf("%d%d%d%d", a[0], a[1], a[2], a[3]);
(B)scanf("%s", a);
(C)a[0]=10；a[1]=a[0]+10；a[2]=a[1]+10；a[3]=a[2]+10；
(D)a={10, 20, 30, 40}；

18. 设已定义：int x[2][4]={1, 2, 3, 4, 5, 6, 7, 8}；则元素 x[1][1]的正确初值是_____。
(A)6　　　　(B)5　　　　(C)7　　　　(D)1

19. 设有程序段：
#define N 3
#define M N+2
float a[M][N]；
则数组 a 的元素个数和最后一个元素分别为_____。
(A)15, a[5][3]　　　　　　(B)15, a[3][5]
(C)8, a[4][2]　　　　　　(D)15, a[4][2]

20. 设有定义：int a[ ][3]={{1, 2, 3}, {4, 5, 6}, {7, 8, 9}}；则 a[1][2]的初值为_____。
(A)2　　　　(B)4　　　　(C)6　　　　(D)8

21. 设有：int x[2][4]={1, 2, 3, 4, 5, 6, 7, 8}；printf("%d", x[2][4])；则输出结果是_____。
(A)8　　　　(B)1　　　　(C)不确定　　　(D)语法检查出错

22. 设有：int a[4][5]；则数组 a 占用的内存字节数是_____。
(A)10　　　　(B)40　　　　(C)80　　　　(D)20

23. 以下数组定义中，不正确的是_____。
(A)int b[3][4]；
(B)int c[3][ ]={{1, 2}, {1, 2, 3}, {4, 5, 6, 7}}；
(C)int b[200][100]={0}；
(D)int c[ ][3]={{1, 2, 3}, {4, 5, 6}}；

24. 以下数组定义中正确的是_____。
(A)float f[3, 4]；　　　　　(B)int a[ ][4]；
(C)int c(3)；　　　　　　 (D)double d[3+2][4]；

25. 定义数组：int x[2][3]；则数组 x 的维数是_____。
(A)1　　　　(B)2　　　　(C)3　　　　(D)6

26. 指出以下错误语句_____。
(A)int a[2][3]={{1, 2, 3}, {4, 5, 6}}；
(B)int b[2][3]={1, 2, 3, 4, 5, 6}；
(C)int a[ ][ ]={{1, 2, 3}, {4, 5, 6}}；
(D)int a[ ][3]={{1, 2, 3}, {4, 5, 6}}；

27. 若定义数组并初始化 int b[2][3]={1, 2, 3, 4, 5, 6}，以下选项哪一个成立_____。
(A)表达式 b[1][2]的值为 1　　　　(B)表达式 b[1][2]的值为 4

(C)表达式 b[1][2]的值为 6　　　　(D)表达式 b[1][2]的值为 2

28. 若定义数组并初始化 int b[ ][3]={{1,2,3},{4,5,6}}；以下选项哪一个成立_____。

(A)b[1][2]的值为 1　　　　(B)b[1][2]的值为 4
(C)b[1][2]的值为 6　　　　(D)b[1][2]的值为 2

29. 若定义数组并初始化
int i, j, a[2][3]={{1,2},{3,4}};
for(i=0；i<2；i++)
for(j=0；j<3；j++) printf("%d", a[i][j]);
语句的结果是哪一个_____。

(A)1, 2, 0, 3, 4, 0　　　　(B)1 2 3 4 5 6
(C)120340　　　　(D)1 2 0 3 4 0

30. 若定义数组并初始化 int a[2][3]={{1,2,3},{4,5,6}}；以下选项哪一个不成立_____。

(A)a 数组中有 6 个元素
(B)a[2][3]是 a 数组的最后一个元素的引用
(C)a 数组中每个元素都为整数
(D)a 数组是整型数组

二、填空题

1. 数组是_____的集合。
2. 在初始化多维数组时，可以默认的是_____。
3. C 语言程序在执行过程中，不检查数组下标是否_____。
4. 数组在内存中占据一片连续的存储区域，由_____代表它的首地址。
5. C 语言的数组名是一个_____常量，不能对它进行加、减和赋值运算。
6. 决定数组所占内存单元多少的是_____。
7. 在 C 语言中，一维数组的定义方式为：类型说明符 数组名_____。
8. 若有定义：double a[3][5];，则数组 a 中行下标的下界为_____，列下标的上界为_____。
9. 若有定义：int a[3][4]={{2,4},{6},{8,10,12,14}};，则初始化后，a[1][2]得到的初值是_____，a[2][1]得到的初值是_____。
10. 设有程序：
```
#include<stdio.h>
int main(void)
{   int i,a[5]; printf("Please input number:\n");
    for(i=0;i<=4;i++)  scanf("%d",(   ));
    ……
    printf("输出数组:\n");
    for(i=0;i<=4;i++) printf("%d,",(   ));
    return 0;}
```
则在程序中的两个括号中应填入_____。

11. 以下程序段给数组所有元素输入数据：
    #include<stdio. h>
    int main(void)
    { int a[10],i=0; while(i<10) scanf("%d",( ));……return 0;}
    应在圆括号中填入的是_____。

12. 设已定义：int a[15]={1, 2, 3, 4, 5}；则语句 printf("%d", a[5])；的输出结果是_____。

13. 数组元素下标的下界是固定的，总是为_____。

14. 对二维数组元素赋初值：int a[3][4]={5, 12, 7, 4, 8, 3, 9, 24, 11, 2, 6, 4,}，则其中数组元素 a[2][2]的值为_____。

15. 在计算机中二维数组的元素是按_____顺序存放的。

16. 设已定义：double a[2][2]；，则数组 a 在内存中的存放顺序是：_____。

17. 设一组数据存放在一维数组 a[n]中，要查找的数组元素值为 x。
    #include<stdio. h>
    int main(void)
    {
        int a[10]={3,6,9,10,12,15,1,4,2,5};
        int x,i;
        scanf("%d",&x);
        for _____
        if _____
        {
            printf("a[%d]=%d\n",i,a[i]);
            break;
        }
        if(i = = 10)
        printf("No found\n");
        return 0;
    }

三、判断题

1. 数组是数目固定的若干变量的有序集合，数组中各元素的类型可以不同。(　　)
2. 可以用如下的语句定义数组 a：int n=10, a[n]；(　　)
3. 数组是 C 语言的一种构造数据类型，其元素的类型可以是整型、实型、字符型甚至结构类型。(　　)
4. 设需定义一个有 15 个元素的数组 a，并对其前 5 个元素赋初值，可用如下语句实现：int a[]={1, 2, 3, 4, 5}；(　　)
5. 数组中的所有元素属于同一种数据类型。(　　)
6. C 语言只能单个引用数组元素而不能一次引用整个数组。(　　)
7. C 语言中数组所占存储单元的多少仅由数组的长度决定。(　　)
8. 给二维数组的全部元素赋初值，可以用如下的语句实现：int a[ ][ ]={{1, 2, 3},

{4,5,6},{7,8,9} };（   ）

9. 设已定义：float a[5][4]；并赋值，要求每行输出4个数，则以下输出二维数组a的程序段是正确的：（   ）

    for(i=0；i<5；i++)
    for(j=0；j<4；j++) printf("%f"，a[i][j])；printf("\n")；

10. 在计算机中二维数组的元素是按行顺序存放的，即在内存中，先顺序存放二维数组第一行的元素，再顺序存放二维数组第二行的元素，依此类推。（   ）

四、阅读程序题

1. 读程序，写出程序运行结果。

```c
#include<stdio.h>
int main(void)
{
    int i,n[]={0,0,0,0,0};
    for(i=1;i<=4;i++)
    {
        n[i]=n[i-1]*2+1;
        printf("%d ",n[i]);
    }
    return 0;
}
```

2. 读程序，写出程序运行结果。

```c
#include<stdio.h>
int main(void)
{
    int i,a[10];
    for(i=9;i>=0;i--)
        a[i]=10-i;
    printf("%d%d%d",a[2],a[5],a[8]);
    return 0;
}
```

3. 读程序，写出程序运行结果。

```c
#include<stdio.h>
int main(void)
{
    int i,a[3][3]={1,2,3,4,5,6,7,8,9};
    for(i=0;i<3;i++)
        printf("%d,",a[i][2-i]);
    return 0;
}
```

4. 读程序，写出程序运行结果。

```
#include<stdio.h>
int main(void)
{
    int i,j;
    int a[2][3]={{1,2,3},{4,5,6}};
    for(i=0;i<2;i++)
        for(j=0;j<3;j++)
            printf("%d",a[i][j]);
    return 0;
}
```

5. 读程序，写出程序运行结果。
```
#include<stdio.h>
int main(void)
{
    int a[3][3]={{1,2},{3,4},{5,6}},i,j,s=0;
    for(i=1;i<3;i++)
        for(j=0;j<=i;j++)
            s+=a[i][j];
    printf("%d",s);
    return 0;
}
```

6. 读程序，写出程序运行结果。
```
#include<stdio.h>
int main(void)
{
    int a[4][4]={{1,3,5},{2,4,6},{3,5,7}};
    printf("%d%d%d%d\n",a[0][3],a[1][2],a[2][1],a[3][0]);
    return 0;
}
```

7. 读程序，写出程序运行结果。
```
#include<stdio.h>
int main(void)
{
    int i,j,a[][3]={1,2,3,4,5,6,7,8,9};
    for(i=0;i<3;i++)
        for(j=i+1;j<3;j++)
            a[j][i]=0;
    for(i=0;i<3;i++)
    {
        for(j=0;j<3;j++)
```

```c
            printf("%d ",a[i][j]);
        printf("\n");
    }
    return 0;
}
```

8. 读程序，写出程序运行结果。
```c
#include<stdio.h>
int main(void)
{
    int a[3][3]={1,2,3,4,5,6,7,8,9};
    int sum1=0,sum2=0,i,j;
    for(i=0;i<3;i++)
        for(j=0;j<3;j++)
        {
            if(i==j) sum1+=a[i][j];
            if((i+j)==2) sum2+=a[i][j];
        }
    printf("%d,%d\n",sum1,sum2);
    return 0;
}
```

9. 读程序，写出程序运行结果。
```c
#include<stdio.h>
int main(void)
{
    double d[][2]={{2.5},{3.6}};
    d[0][1]=3*d[0][0];
    d[1][1]=d[0][0]+d[1][0];
    printf("%.2lf,%.2lf \n",d[1][1],d[0][1]+d[1][1]);
    return 0;
}
```

10. 读程序，写出程序运行结果。
```c
#include<stdio.h>
int main(void)
{
    int a[5]={1,4,5};
    int i=1,n=3,j,k=3;
    while(i<n && k>a[i])    i++;
    for(j=n-1;j>=i;j--)    a[j+1]=a[j];
    a[i]=k;
    for(i=0;i<=n;i++)    printf("%3d",a[i]);
```

```
        printf( " \n" ) ;
        return 0;
    }
```

五、编程题

1. 求任意 20 个数中的正数之和及个数。

2. 统计全班某门功课的平均成绩，找出最高、最低分。

3. 一个数如果恰好等于它的因子之和，这个数就称为"完数"。例如6 = 1+2+3，找出 1000 以内的所有完数。

4. 某个公司采用公用电话传递数据，数据是四位的整数，在传递过程中是加密的，加密规则如下：每位数字都加上 5，然后用和除以 10 的余数代替该数字，再将第一位和第四位交换，第二位和第三位交换，请将输入的数据加密。

5. 计算两个矩阵的乘积。

第 7 章 函 数

实验 1　函数的定义和调用

【实验目的】

(1) 掌握函数的定义和调用方法。
(2) 掌握函数的实参与形参的区别和联系。
(3) 掌握函数调用时的数据传递方式。
(4) 掌握 return 语句的用法。

【要点提示】

(1) 根据问题确定函数的功能，然后设计函数的参数个数和类型，以及返回值类型。
(2) 函数要遵循"先声明，后使用"的原则。可以把被调函数的定义放在主调函数定义的前面；也可以在主函数前面放置所有自定义函数的原型，把这些函数的定义放在主函数的后面。

【实验内容】

1. 定义一个函数 f 求表达式 x^2+6x-7 的值，x 作为函数的参数。然后，定义主函数，在主函数中调用函数 f 求下面三个表达式的值：

$$f1 = 3^2+6\times3-7$$
$$f2 = (x+8)^2+6\times(x+8)-7$$
$$f3 = (\cos(x))^2+6\times\cos(x)-7$$

【算法设计提示】

根据待求的三个表达式可知，在调用函数 f 求值时，准备传递给形参 x 的实参有 3 种情况：

(1) 计算 f1 时，传递给形参 x 的值是常量 3。
(2) 计算 f2 时，传递给形参 x 的值是表达式 x+8。
(3) 计算 f3 时，传递给形参 x 的值是表达式 cos(x)。

考虑到 cos(x) 的值在大多数情况下是实数，因此形参 x 的类型应为浮点型，函数的返回值也应是浮点型。主函数的算法描述见表 7-1。

表 7-1　　　　　　　　　　　主函数的算法描述

输入：x 的值
输出：f1, f2, f3 的值
1. 定义双精度变量 x, f1, f2, f3。

2. 以常量 3.0 作为实参调用函数 fun 求值，将返回的函数值赋给变量 f1，输出 f1 的值。

3. 从键盘输入一个实数赋给变量 x，以表达式 x+8 作为实参调用函数 fun 求值，将返回的函数值赋给变量 f2，输出 f2 的值。

4. 从键盘输入一个实数赋给变量 x，以表达式 cos(x) 作为实参调用函数 fun 求值，将返回的函数值赋给变量 f3，输出 f3 的值。

2. 编写一个哥德巴赫猜想验证程序。哥德巴赫猜想：任何一个不小于 6 的偶数可以表示为两个素数之和。

【算法设计提示】

验证猜想的思路：对于任何一个不小于 6 的偶数 n，从 i=3 开始找直至 i=n/2，若其中有一个数 i，使 i 和 n-i 均为素数，则找到解，即偶数 n 符合猜想。

先定义一个函数 IsPrime，用于判断正整数 x 是否为素数。

然后，定义主函数，主函数的算法描述见表 7-2。

表 7-2　　　　　　　　　主函数的算法描述

输入：任意一个不小于 6 的偶数
输出：该数可以表示为两个素数之和
1. 定义变量 n，i。
2. 输入一个数赋给 n，若 n 为不小于 6 的偶数，则执行步骤 3，否则重新输入数值，直到满足条件为止。
3. 若 i 的取值为 3~n/2 之间，则循环执行步骤 4，否则退出循环。
4. 调用函数 IsPrime 判断 i 和 n-i 是否均为素数，若是则找到解，输出结果并退出循环。如果不是，则循环控制变量 i 自增 1，执行步骤 3。

3. 改写哥德巴赫猜想验证程序。新的验证程序在一次执行过程中允许用户不断输入偶数，并验证该偶数是否符合猜想，直到用户选择结束程序。图 7-1 是新程序的模块结构。

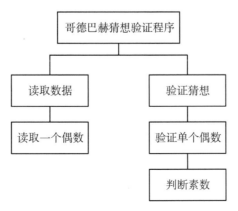

图 7-1　新哥德巴赫猜想验证程序的模块结构

其中，需要定义以下函数：

（1）定义函数 GetData，提示用户输入一个符合猜想要求的整数，即不小于 6 的偶数，读取并返回该偶数。

（2）定义函数 Goldbach，验证单个偶数是否符合猜想。

（3）定义函数 IsPrime，判断一个整数是否是素数。

（4）定义主函数，通过调用上述函数验证猜想。

主函数的算法描述见表 7-3。

表 7-3　　　　　　　　　　　　　主函数的算法描述

输入：任意一个不小于 6 的偶数
输出：该数是否符合哥德巴赫猜想
1. 调用函数 GetData 读取一个不小于 6 的偶数。
2. 调用函数 Goldbach 判断该偶数是否符合哥德巴赫猜想。
3. 询问用户是否继续输入下一个偶数进行验证。若继续，则转到步骤 1；否则结束。

实验 2　数组作为函数参数

【实验目的】

（1）掌握数组作为函数参数的定义和调用方法。

（2）掌握修改形参数组对实参数组的影响，及其应用。

【要点提示】

（1）数组作为函数参数，应该在主调函数与被调函数中分别定义数组，不能只在一方定义。

（2）在调用有数组形参的函数时，用主调函数中定义的数组的名称作为与数组形参对应的实参。

（3）形参数组与实参数组共用一段内存空间（为实参数组分配的），那么，对形参数组的元素值进行修改实际上改变的是实参数组元素的值。

【实验内容】

1. 编写程序，从用户输入的一组整数中找到全部偶数。要求定义一个函数 FindEvenNmbers 通过参数接受一组整数，并把找的偶数和它们的个数通过参数或返回值传递给主函数。

【算法设计提示】

可以为函数 FindEvenNmbers 定义 2 个数组形参，接受传入的整数，保存找到的偶数或者顺序号；其返回值可以是偶数的数量。

在主函数中从用户输入读取一组数，然后调用函数 FindEvenNmbers 找到全部的偶数或者顺序号，以及偶数的个数，并且显示结果。

下面是程序的部分代码，请补上函数 FindEvenNmbers 的声明、调用和定义。

```
#include<stdio.h>
#include<conio.h>
#define SIZE 10
/* 声明函数 FindEvenNmbers */
_____;

int main(void)
{
    int list[SIZE];/* 保存输入的整数 */
    int even[SIZE];/* 保存找到的偶数 */
    int count;/* 保存找到的偶数的个数 */
    int i;
    /* 输入一组整数 */
    printf("输入 %d 个整数:\n",SIZE);
    for(i=0;i<SIZE;i++)
        scanf("%d",&list[i]);
    /* 调用函数 FindEvenNmbers 找到全部偶数及其数量 */
    _____;
    /* 显示结果 */
    printf("有 %d 个偶数:\n",count);
    for(i=0;i<count;i++)
        printf("%d ",even[i]);
    printf("\n");
    printf("请按任意键继续...");
    getch();
    return 0;
}
/* 在后面定义函数 FindEvenNmbers */
```

2. 编写程序，定义一个二维数组 int a[5][3]，保存一个 5*3 的矩阵 a，求出它的转置矩阵 b。要求定义计算转置矩阵的函数，通过参数传入一个矩阵并传出其转置矩阵。

【算法设计提示】

计算转置矩阵的函数至少包含两个数组参数 a 和 b，使用类似"b[i][j]=a[j][i]"这样的表达式依次计算 b 的每一个元素的值即可。

实验3　变量的作用域和存储类别

【实验目的】

(1)掌握变量的作用域、局部变量和全局变量的概念和使用方法。

(2)掌握不同存储类别变量的特点。

【要点提示】

(1)在程序块内定义的局部变量，其作用域仅限于该程序块内部，在程序块外部不能使用该变量。

(2)在函数外定义的全局变量，可以被所有函数使用。

【实验内容】

1. 改写实验2的第1题。把主函数中的数组 list 和 even，以及变量 count 的定义放在函数外部，即定义为外部数组和变量。然后，重新设计函数 FindEvenNmbers 的参数表和返回值类型，并重新定义该函数。

2. 再次改写哥德巴赫猜想验证程序。新的验证程序提供两种验证方式：验证用户输入的一个偶数是否符合猜想；验证用户输入的一个范围内的全部偶数符合猜想。图7-2是新程序的模块结构。

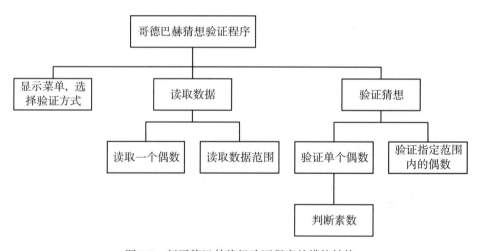

图7-2　新哥德巴赫猜想验证程序的模块结构

其中，需要定义以下函数：

(1)定义函数 VerificationType，显示菜单，提示用户选择验证方式，读取并返回用户的选择。

(2)定义函数 GetData，提示用户输入一个符合猜想要求的整数，即不小于6的偶数，读取并返回该偶数。

(3)定义函数 GetDataRange，提示用户输入一个符合要求的数据范围，读取并返回该数据范围。

（4）定义函数 Goldbach，验证单个偶数符合猜想。

（5）定义函数 GoldbachRange，验证指定范围内的偶数符合猜想。

（6）定义函数 IsPrime，判断一个整数是否是素数。

（7）定义主函数，通过调用上述函数验证猜想。

实验 4 大型 C 语言程序的组织

【实验目的】

（1）掌握大型 C 语言程序的文件划分方法。

（2）掌握创建包含多个文件的程序的方法。

【要点提示】

（1）把逻辑上相关的自定义函数分成组，每组函数的定义放在一个源文件中，然后把这些函数的原型放在一个头文件中。

（2）把主函数及其辅助函数的代码放在单独的源文件中，并在其中包含使用到的函数对应的头文件。

（3）在 VC 中创建工程来管理程序的多个文件，并构建程序。

【实验内容】

编写一个温度分析程序。现有某地区 5 个城市在一年内的 12 个月的月平均温度数据，要求计算各城市的年平均温度、年平均温度最高的城市、年平均温度最低的城市、一年内月平均温度最高的城市和月份、一年内月平均温度最低的城市和月份。

【算法设计提示】

定义以下函数，并把它们的声明和定义分别放在文件 utility.h 和 utility.c 中。

（1）函数 AverageTemp 计算一组数的平均值。

（2）函数 MaxTemp 从一组数中找到最大数及其序号。

（3）函数 MinTemp 从一组数中找到最小数及其序号。

再创建一个源文件 district.c，放入主函数的定义。

常 见 错 误

1. 使用函数前未对函数进行声明。

函数要遵循"先声明，后使用"原则。在使用函数前要检查是否已通过函数原型或函数定义对函数做了声明。否则，编译器将提示函数名称是未定义的标识符。

2. 在声明函数时，没有为参数表中每个参数单独指定类型。

必须在形式参数表中为每个参数单独指定类型，否则编译器将默认参数类型为 int。例如，float Average(float x，y)；，编译器将默认 y 的类型为 int。正确的写法是 float Average (float x，float y)；。

3. 在调用函数时为函数和参数指定类型。

例如，把调用 pow 函数计算 x^3 写成 double pow(double x，double 3)，就是错误的写法。

这是混淆了调用函数和声明函数的概念。在调用函数时，参数表中的参数是实际参数，可以是与对应的形参类型赋值兼容的常量、变量和表达式。不要为实参指定类型，也不要为函数指定类型。因此，前例的正确写法是 pow(x, 3)。

4. 在调用形参是数组的函数时，实参使用了数组元素。

例如，有函数声明如下：

int GetTheSmallest(int data[ ], int n);

在主调函数中定义了数组 int list[20]，调用函数时写成下面的形式：

theSmallest = GetTheSmallest(list[20], 20);

这种写法是错误的。正确的写法如下，与数组形参对应的实参应该是数组名。

theSmallest = GetTheSmallest(list, 20);

5. 在变量的作用范围外使用变量。

例如下面的代码：

```c
void PrintTheSmallest(int data[ ], int n)
{
    int i;
    for(i=0;i<n;i++)
    {
        int smallest;
        if(i==0) smallest=data[0];
        else if(smallest>data[i])
            smallest=data[i];
    }
    printf("the smallest one is %d\n", smallest);
}
```

在函数内的 for 语句中定义的变量 smallest，其作用范围在 for 语句的循环体内部，在后面的输出语句中引用 smallest 就是错误的。正确的写法如下：

```c
void PrintTheSmallest(int data[ ], int n)
{
    int i, smallest;
    for(i=0;i<n;i++)
    {
        if(i==0) smallest=data[0];
        else if(smallest>data[i])
            smallest=data[i];
    }
    printf("the smallest one is %d\n", smallest);
}
```

习题 7

一、单项选择题

1. 在进行模块化时，C 语言程序的基本构件是_____。
   (A)程序　　　　(B)语句　　　　(C)字符　　　　(D)函数

2. 以下叙述中正确的是_____。
   (A)C 程序中注释部分可以出现在程序中任何合适的地方
   (B)大括号"{"和"}"只能作为函数体的定界符
   (C)C 程序的函数名都可以由用户命名
   (D)分号是 C 语句之间的分隔符，不是语句的一部分

3. 以下程序的功能是计算：s = 1+1/2+1/3+……+1/10
   ```
   #include<stdio.h>
   int main(void)
   {
       int i；float s；
       s = 1.0；
       for(i = 10；i>1；i--)
           s = s+1/i；
       printf("%6.4f\n", s)；
       return 0；
   }
   ```
   程序运行后输出结果错误，导致错误结果的程序行是_____。
   (A)s = 1.0；　　　　　　　　　(B)for(i = 10；i>1；i--)
   (C)s = s+1/i；　　　　　　　　(D)printf("%6.4f\n", s)；

4. 有函数定义：void fun(int n, double x) { …… } 若以下选项中的变量都已正确定义并赋值，则正确调用函数 fun 的语句是_____。
   (A)fun(int x, double n)；　　　　　(B)m = fun(10, 12.5)；
   (C)fun(x, n)；　　　　　　　　　　(D)void fun(n, x)；

5. 函数的实参不能是_____。
   (A)变量　　　　(B)常量　　　　(C)语句　　　　(D)函数调用表达式

6. 下列各种存储类型的变量中，必须在函数外定义的是_____。
   (A)自动变量　　　　　　　　　(B)寄存器变量
   (C)静态局部变量　　　　　　　(D)外部变量

7. 函数 f(double x) { return x*x；} 的类型为_____。
   (A)double　　　　　　　　　　(B)void
   (C)int　　　　　　　　　　　　(D)A、B、C 均不正确

8. 一个 C 语言程序总是从_____开始执行的。
   (A)main 函数
   (B)源文件中的第一个函数

(C) 源文件中的第一个子函数调用

(D) 源文件中的第一条语句

9. 如果函数 A 调用了函数 B，函数 B 又调用了函数 A，则_____。

(A) 称为函数的直接递归调用

(B) 称为函数的间接递归调用

(C) 称为函数的循环调用

(D) C 语言中不允许这样的调用

10. 关于函数的调用，以下错误的描述是_____。

(A) 可以出现在执行语句中

(B) 可以出现在一个表达式中

(C) 可以作为一个函数的实参

(D) 可以作为一个函数的形参

11. 有以下程序

```
#include<stdio.h>
void sort(int a[ ], int n)
{ int i, j, t;
    for(i=0; i<n-1; i+=2)
      for(j=i+2; j<n; j+=2)
        if(a[i]<a[j])  { t=a[i]; a[i]=a[j]; a[j]=t;}  }
int main(void)
{ int aa[10]={1, 2, 3, 4, 5, 6, 7, 8, 9, 10}, i;    sort(aa, 10);
    for(i=0; i<10; i++)    printf("%d,", aa[i]);
    printf("\n");    return 0;   }
```

其输出结果是_____。

(A) 1, 2, 3, 4, 5, 6, 7, 8, 9, 10,

(B) 10, 9, 8, 7, 6, 5, 4, 3, 2, 1,

(C) 9, 2, 7, 4, 5, 6, 3, 8, 1, 10,

(D) 1, 10, 3, 8, 5, 6, 7, 4, 9, 2,

12. 在 C 语言的函数中，_____。

(A) 必须有形参　　　　　　(B) 形参可以是表达式

(C) 可以有也可以没有形参　(D) 数组不能作形参

13. 下面程序段中，主函数中变量 a 被初始化为_____。

int f() { return 3.5;} main() { int a=f();}

(A) 3.5　　　(B) 不确定值　　(C) 3　　　(D) 程序出错

14. 函数调用语句 f((x, y), (a, b, c), (1, 2, 3, 4))；中，所含的实参个数是_____。

(A) 2　　　(B) 3　　　(C) 4　　　(D) 9

15. 下面叙述不正确的是_____。

(A) 在函数中，通常用 return 语句传回函数值

(B) 在函数中，可以有多条 return 语句

(C)函数中必须至少有一条 return 语句
(D)调用函数必须在一条独立的语句中完成

16. 函数 f f(int x){return x;}的返回值是_____。
    (A)void 类型 (B)int 类型
    (C)float 类型 (D)无法确定返回值类型

17. 用数组名做函数的参数，实际上传递给形参的是_____。
    (A)数组元素的首地址 (B)数组的第一个元素的值
    (C)每一个数组元素 (D)整个数组的个数

18. 以下说法中正确的是_____。
    (A)实参可以是常量、变量或表达式
    (B)形参可以是常量、变量或表达式
    (C)实参可以为任意类型
    (D)形参应与其对应的实参类型一致

19. 以下说法中正确的是_____。
    (A)定义函数时，形参的类型说明可以放在函数体内
    (B)return 后面的值不能为表达式
    (C)如果函数值的类型与返回值的类型不一致，以函数值类型为准
    (D)如果形参与实参的类型不一致，以实参为准

20. C 语言中规定，简单变量做实参时，它和对应形参之间的数据传递方式是_____。
    (A)地址传递
    (B)单向值传递
    (C)由实参传给形参，再由形参传给实参
    (D)由用户指定传递方式

21. 已有数组定义 int a[3][4];和函数调用语句 f(a);，则在 f 函数的说明中，对形参数组 array 的错误定义方式是_____。
    (A)f(int array[5][4]) (B)f(int array[3][5])
    (C)f(int array[ ][4]) (D)f(int array[ ][4][4])

22. 若调用一个函数，而此函数在定义时的类型为 int，但是函数体中无 return 语句，则正确的说法是_____。
    (A)该函数肯定没有返回值
    (B)该函数返回若干个系统默认值
    (C)该函数能返回一个用户所希望的函数值
    (D)该函数返回一个不确定的值

23. 执行下列程序，在主函数结束前变量 i 的值应为_____。
    int ma(int x, int y){return x*y;}
    int main(void){ int i; i=5; i=ma(i, i-1)-7; return 0;}
    (A)13 (B)17 (C)19 (D)以上都错

24. 执行下列程序得到的结果为_____。
    #include<stdio.h>

f(int x) {return x;}
void main()
{ float a=3.14; a=f(a); printf("%.2f\n", a); return;}
(A)3 (B)3.14 (C)3.00 (D)0

25. 执行下列程序得到的结果为_____。
#include<stdio.h>
void change(int x, int y) {int t; t=x; x=y; y=t;}
int main(void)
{ int x=2, y=3; change(x, y); printf("x=%d, y=%d\n", x, y); return 0;}
(A)x=3, y=2 (B)x=2, y=3 (C)x=2, y=2 (D)x=3, y=3

26. 执行下列程序，在主函数结束前变量a的值应为_____。
f1(float x) {return x+1.3;}
int main() { float a; a=f1(2.4); return 0;}
(A)3.7 (B)3 (C)4 (D)不确定

27. 执行下列程序，在主函数结束前变量a的值应为_____。
int f(int x) {return x+3;}
int main(void) {int a=1; while(f(a)<10) a++; return 0;}
(A)11 (B)10 (C)9 (D)7

28. 以下说法中正确的是_____。
(A)一个函数在它的函数体内调用它自身称为嵌套调用
(B)一个函数在它的函数体内调用它自身称为递归调用，这种函数称为递归函数
(C)一个函数在它的函数体内调用其他函数称为递归调用，这种函数称为递归函数
(D)一个函数在它的函数体内不能调用自身

29. 如果在一个源文件中只是定义了一个全局变量，那么该全局变量的作用域为_____。
(A)本文件的全部范围
(B)本程序的全部范围
(C)本函数的全部范围
(D)从定义该变量的位置开始至本文件结束

30. 以下叙述中正确的是_____。
(A)局部变量说明为static存储类，其生存期将得到延长
(B)全局变量说明为static存储类，其作用域将被扩大
(C)任何存储类的变量在未赋初值时，其值都是不确定的
(D)形参可以使用的存储类说明符与局部变量完全相同

二、填空题

1. 在C语言中，如果不对函数作类型说明，则函数的隐含类型为_____。
2. 完成下列函数。计算函数值f(x,y)=sinx+y×y，函数名fs。
   _____①_____
   {
   _____②_____;

```
        z=sin(x)+y*y;
        return z
}
```

3. 完成下列函数。一个有 50 个元素的数组 a，计算前 n 个元素值之和。
```
   int sum(int a[], int n)
   {
          _____①_____
          for(i=0; i<50&&i<n; i++) s=____②____;
          return s;
   }
```

4. 请在以下程序第一行处填写适当内容，使程序能正确运行。
```
   _____(double, double);
   int main(void)
   {
        double x, y;
        scanf("%lf%lf", &x, &y);
        printf("%lf\n", max(x, y));
        return 0;
   }
   double max(double a, double b)
   { return(a>b ? a: b);}
```

5. 下面是函数 f 的定义，执行语句 int i=f(f(1))后，i 值为_____。
```
   int f(int x)
   { int k=0; x+=k++; return x;}
```

6. 下面是函数 f 的定义，执行语句 int i=f(3)后，i 值为_____。
```
   int f(int x)
   { return((x>0)? f(x-1)+f(x-2): 1);}
```

7. 以下程序运行后的输出结果是_____。
```
   #include<stdio.h>
   void fun(int x,int y)
   {
        x=x+y;y=x-y;x=x-y;
        printf("%d,%d,",x,y);
   }
   int main(void)
   {
        int x=2,y=3;
        fun(x,y);
        printf("%d,%d\n",x,y);return 0;
   }
```

8. 下列程序的运行结果是_____。
```c
#include<stdio.h>
int f(int a)
{
    int b=0;
    static int c=3;
    a=c++;   b++;
    return a;
}
int main(void)
{
    int a=2,i,k;
    for(i=0;i<2;i++) k=f(a++);
    printf("%d\n",k);
    return 0;
}
```

9. 以下程序输出的最后一个值是_____。
```c
#include<stdio.h>
int fun(int n)
{
    static int f=1;
    f=f*n;
    return f;
}
int main(void)
{
    int i;
    for(i=1;i<=5;i++)   printf("%d\n",fun(i));
    return 0;
}
```

10. 若已定义：int a[10]，i;，以下 fun 函数的功能是：在第一个 for 语句中给 10 个数组元素依次赋 1、2、3、4、5、6、7、8、9、10；在第二个 for 语句中使 a 数组前 10 个元素中的值对称折叠，变成 1、2、3、4、5、5、4、3、2、1，请填空。
```c
void fun(int a[])
{
    int i;
    for(i=1; i<=10; i++)   ____①____ =i;
    for(i=0; i<5; i++)   ____②____ =a[i];
}
```

11. 下列程序的运行结果是_____。

```
#include<stdio.h>
int d=1;
void fun(int p)
{ int d=5;      d+=p++;      printf("%d", d);}
int main(void)
{ int a=3;   fun(a);   d+=a++;   printf("%d", d); return 0;}
```

12. 按函数能否被其所在文件外的文件引用，可将函数分为_____和_____两种。

13. 函数 void swap(int arr[ ], int n)使 arr 数组从第1个元素到第 n 个元素两两交换，那么，在运行下面的语句后，a[0]和 a[1]的值分别为_____。
    a[0]=1; a[1]=2; swap(a, 2);

14. 下列程序的输出结果是_____。
```
#include<stdio.h>
int a=0,b=0;
voidfun()  { int a=5;printf("%d,%d,",a,b);}
int main(void)  { b=5;fun();printf("%d,%d,",a,b);return 0;}
```

15. 以下程序执行的结果是_____。
```
#include<stdio.h>
int x=2;
void func(int x)  { x=4;}
int main(void){   func(x);printf("x=%d\n",x);return;}
```

16. 定义函数 int digit(int n, int k)，其功能是取出数 n 从右边起的第 k+1 位数字，如 digit(1234, 3)=1, digit(1234, 4)=0，请填空。
```
#include<stdio.h>
#include<math.h>
int digit(int n,int k)
{
    int i;
    n=abs(n);
    for(i=1;i<____①____) n=n/10;
    return____②____;
}
int main(void)
{
    int x ,l;
    scanf("%d,%d",&x,&l);
    printf("digit=%d",digit(x,l));
    return 0;
}
```

17. 以下程序运行结果是：The number of peach is _____。

```
#include<stdio.h>
int peach(int n)
{
    int k;
    if(n==1) k=1;
    else k=2*peach(n-1)+1;
    return k;
}
int main(void)
{ printf("The number ofpeach is %d",peach(5));return 0;}
```

18. 以下程序运行结果是_____。

```
#include<stdio.h>
int sum(int k) { int x=1;return(x+=k);}
int main(void)
{
    int s,i,sum();
    for(i=1;i<=10;i++) s=sum(i);
    printf("s=%d",s);
    return;
}
```

19. 一个等差数列中的第一个数为 10，以后每个数比前者大 3。下述程序用来计算第 5 个数并输出结果值，其中函数 DIF 是递归函数。

```
#include<stdio.h>
int DIF(int n)
{
    int c;
    if(n==1) c=10;
    else c=_____;
    return c;
}
int main(void) { int n=5;printf("num=%d\n",DIF(n));return 0;}
```

20. 以下程序的功能是调用函数 fun 计算：m=1-2+3-4+…+9-10+11-12，并输出结果，请填空。

```
#include<stdio.h>
int fun(int n)
{
    int m=0,f=1,i;
    for(i=1;i<=n;i++)
    {
        m+=i*f;
```

```
            f= _____①_____ ;
        }
        return m;
    }
    int main(void) { printf("m=%d\n", _____②_____);return 0;}
```

三、判断题

1. 下面程序段是否正确。(   )
   `int main(void) { void fun() {...} return 0;}`
2. 实参可以是常量、变量或表达式。(   )
3. 在有参函数中,形参变量在整个程序一开始执行时便分配内存单元。(   )
4. 下面两种函数原型的写法达到的目的是一样的。(   )
   （1）int fun(int x, int y);
   （2）int fun(int, int);
5. 数组作函数参数时,一维形参数组可以不指定长度。(   )
6. 数组作函数参数时,对形参数组的操作不会影响到主调函数中的实参数组。(   )
7. 对于不要求带返回值的函数,函数类型必须是 void。(   )
8. 数组作函数参数时,可以只在主调函数中定义数组,被调用函数只需要确定名称就可以了。(   )
9. 在 C 语言中,所有函数都是平行的,一个函数并不从属于另一个函数。(   )
10. 函数的嵌套调用就是在调用一个函数的过程中,又调用另一个函数。(   )
11. 在 C 语言中,函数可以递归调用或递归定义。(   )
12. 如果定义函数时省略 extern,则系统认为其是外部函数。(   )
13. 在同一文件中,外部变量与局部变量同名。在局部变量的作用范围内,外部变量的值等于局部变量的值。(   )
14. 下面程序段能否正确执行。(   )
    `int main(void) { int m=n; ...} int n; void func() {int s=3; n=s; ...}`
15. 全局变量在程序的执行过程中都占用存储单元。(   )
16. 当全局变量与函数内部的局部变量同名时,则在函数内部全局变量有效。(   )
17. 在函数体中,auto int b,c=3; 和 int b,c=3; 等价。(   )
18. 静态局部变量属于静态存储类别,在静态存储区内分配存储单元,在程序整个运行期间都不释放。(   )
19. 只有在定义全局变量和静态局部变量时系统才会自动对变量做初始化。(   )
20. 静态局部变量能定义为寄存器变量,例如:register static int a,b,c;。(   )

四、阅读程序题

1. 运行下面的程序,如果从键盘上输入 3,abcde(回车),请写出运行结果。
   ```
   #include  <stdio.h>
   void move(char str[],int n)
   {
       char temp;int i;   temp=str[n-1];
       for(i=n-1;i>0;i--) str[i]=str[i-1];
   ```

```
        str[0]=temp;
}
int main(void)
{
    char s[50];
    int n,i,z;
    scanf("%d,%s",&n,s);
    z=strlen(s);
    for(i=1;i<=n;i++)   move(s,z);
    printf("%s\n",s);
    return 0;
}
```

2. 以下程序从终端读入数据到数组中,统计其中正数的个数,并计算它们之和,请填空。

```
#include<stdio.h>
int main(void)
{
    int i,a[20],sum,count;
    sum=count=0;
    for(i=0;i<20;i++) scanf("%d",_____①_____);
    for(i=0;i<20;i++)
        if(a[i]>0) { count++;sum+=_____②_____;}
    printf("sum=%d,count=%d\n",sum,count);
    return 0;
}
```

3. 请写出下面程序的运行结果。

```
#include<stdio.h>
void f(int v,int w)
{ int t;t=v;v=w;w=t;}
int main(void)
{
    int x=1,y=3,z=2;
    if(x>y) f(x,y);
    else if(y>z) f(y,z);
    else    f(x,z);
    printf("%d,%d,%d\n",x,y,z);
    return 0;
}
```

4. 请写出下面程序的运行结果。

```
#include<stdio.h>
void swap1(int c[])
{ int t;t=c[0];c[0]=c[1];c[1]=t;}
void swap2(int c0,int c1)
{ int t;t=c0;c0=c1;c1=t;}
int main(void)
{
    int a[2]={3,5},b[2]={3,5};
    swap1(a);
    swap2(b[0],b[1]);
    printf("%d   %d   %d   %d\n",a[0],a[1],b[0],b[1]);
    return 0;
}
```

5. 函数 fun 的功能是计算 x^n
```
double fun(double x,int n)
{
    int i;
    double y=1;
    for(i=1;i<=n;i++)   y=y*x;
    return y;
}
```
主函数中已经正确定义 m,a,b 变量并赋值,并调用 fun 函数计算: $m=a^4+b^4-(a+b)^3$。实现这一计算的函数调用语句为_____。

6. 请写出下面程序的运行结果。
```
#include<stdio.h>
int func(int a,int b)
{
    static int m=0,i=2;
    i+=m+1;
    m=i+a+b;
    return(m);
}
int main(void)
{
    int k=4,m=1,p;
    p=func(k,m);   printf("%d,",p);
    p=func(k,m);   printf("%d\n",p);
    return 0;
}
```

7. 请写出下面程序的运行结果。
   ```
   #include<stdio.h>
   #define MAX 3
   int a[MAX];
   void fun1()
   { int k,t=0;for(k=0;k<MAX;k++,t++) a[k]=t+t;}
   void fun2(int b[])
   { int k;for(k=0;k<MAX;k++) printf("%d",b[k]);}
   int main(void)
   { fun1();fun2(a);printf("\n");return 0;}
   ```

8. 请写出下面程序的运行结果。
   ```
   #include<stdio.h>
   int fun(int n)
   {
       if(n==1) return 1;
       else return fun(n-1)+1;
   }
   int main(void)
   {
       int i,j=0;
       for(i=1;i<4;i++) j+=fun(i);
       printf("%d\n",j);
       return 0;
   }
   ```

9. 请写出下面程序的运行结果。
   ```
   #include<stdio.h>
   void fun(int x,int y)
   { int t;if(x>y) { t=x;x=y;y=t;} }
   int main(void)
   {
       int a=4,b=7,c=5;
       fun(a,b);fun(a,c);fun(b,c);
       printf("%d,%d,%d\n",a,b,c);
       return 0;
   }
   ```

10. 请写出下面程序的运行结果。
    ```
    #include<stdio.h>
    int fun(int a,int b)
    {
    ```

```
        if(a>b) return(a);
        else return(b);
    }
    int main(void)
    {
        int x=3,y=8,z=6,r;
        r=fun(fun(x,y),2*z);
        printf("%d\n",r);
        return 0;
    }
```

11. 请写出下面程序的运行结果。
```
    #include<stdio.h>
    int f(int a) { return a%2;}
    int main(void)
    {
        int s[8]={1,3,5,2,4,6},i,d=0;
        for(i=0;i<8;i++) if(f(s[i])) d+=s[i];
        printf("%d\n",d);
        return 0;
    }
```

12. 请写出下面程序的运行结果。
```
    #include<stdio.h>
    void incx() { int x=0;printf("x=%d,",++x);}
    void incy() { static int y=0;printf("y=%d,",++y);}
    int main(void)
    {
        incx();incy();
        incx();incy();
        incx();incy();
        incx();incy();
        return 0;
    }
```

13. 请写出下面程序的运行结果。
```
    #include<stdio.h>
    int main(void)
    {
        int i,j;
        int f(int);
        i=f(3);j=f(5);
```

```
        printf("i=%d,j=%d\n",i,j);
        return 0;
    }
    int f(int n)
    {
        static int s=1;
        while(n)  s*=n--;
        return s;
    }
```

14. 请写出下面程序的运行结果。
```
    #include<stdio.h>
    int fun(int a)
    {
        auto int b=0;
        static int c=3;
        b=b+1;  c=c+1;
        return(a+b+c);
    }
    int main(void)
    {
        int a=2,i;
        for(i=0;i<3;i++)
        printf("%d ",fun(a));
        return 0;
    }
```

15. 请写出下面程序的运行结果。
```
    #include<stdio.h>
    int f(int n)
    {
        if(n==1) return 1;
        else return f(n-1)+1;
    }
    int main(void)
    {
        int i,sum=0;
        for(i=1;i<3;i++) sum+=f(i);
        printf("%d\n",sum);
        return 0;
    }
```

16. 请写出下面程序的运行结果。
    ```c
    #include<stdio.h>
    int power(int x,int y);
    int main(void)
    {
        float a=2.6,b=3.4;
        int p;
        p=power((int)a,(int)b);
        printf("%d\n",p);
        return 0;
    }
    int power(int x,int y)
    {
        int i,p=1;
        for(i=y;i>0;i--) p=p*x;
        return p;
    }
    ```

17. 请写出下面程序的运行结果。
    ```c
    #include<stdio.h>
    int f(int b[][4])
    {
        int i,j,s=0;
        for(j=0;j<4;j++)
        {
            i=j;
            if(i>2)    i=3-j;
            s+=b[i][j];
        }
        return s;
    }
    int main(void)
    {
        int a[4][4]={{1,2,3,4},{0,2,4,5},{3,6,9,12},{3,2,1,0}};
        printf("%d\n",f(a));
        return 0;
    }
    ```

18. 请写出下面程序的运行结果。
    ```c
    #include<stdio.h>
    int f(int x)
    ```

```
            if( x = = 0 || x = = 1 ) return( 3 ) ;
            else return( x - f( x - 2 ) ) ;
    }
    int main( void )
    { printf( "%d\n",f(9) ) ;return 0;}
```

19. 请写出下面程序的运行结果。

    ```
    #include<stdio.h>
    int a = 10;
    void f( ) { int a;a = 12;}
    int main( void ) { f( ) ;printf( "%d",a ) ;return 0;}
    ```

20. 请写出下面程序的运行结果。

    ```
    #include<stdio.h>
    int a = 3;
    int main( void )
    {
    int sum = 0;
    { int a = 5;sum+ = a++;}
        sum+ = a++;
        printf( "%d\n",sum ) ;
        return 0;
    }
    ```

五、编程题

1. 定义一个函数，判断一个 3 位正整数是否满足这样的条件：将它的百、十、个位 3 个单一数各自求立方，加起来的和正好等于这个 3 位数，例如 $153 = 1^3 + 5^3 + 3^3$。然后，编写一个程序，利用该函数找出所有满足这种条件的数。

2. 定义一个函数，求两个正整数的最小公倍数。然后，利用该函数编写一个程序，从键盘输入读取 5 个正整数，求出它们的最小公倍数。

3. 编写一个程序，找出 30000 以内的全部完备数，并显示这些数。完备数的定义是：如果一个数正好是它的所有约数(除了它本身以外)的和，此数称为完备数。例如，6 的约数有 1、2、3，并且 1+2+3=6，6 是一个完备数。要求：定义函数用来判断一个数是不是完备数。

4. 采用模块化程序设计方法设计和编写一个迷你计算器程序。能够读取用户输入的计算式，调用相应的计算函数，输出计算结果。该计算器允许用户输入的计算式只包含一项计算和两个操作数，并且支持加、减、乘、除和幂运算。

5. 定义一个函数，在一组整数中找到大于或等于一个指定数的所有数的顺序号，并把这些顺序号返回给主调函数。然后，编写一个程序，利用该函数从下面的学生成绩表中根据总分查找学生学号。

学　　号	总　　分
1001	275
1002	248
1003	195
1004	170
1005	260
1006	275
1007	259
1008	260
1009	288
1010	260

第8章 指针

实验1 指针和指针变量

【实验目的】

(1) 理解指针与指针变量的概念。

(2) 掌握指针变量的定义与引用方法。

(3) 掌握指针变量作为函数参数的使用方法。

【要点提示】

(1) 指针变量是一个变量、该变量的值是指针(地址)。

(2) C 语言中,对变量的访问有两种方式:直接访问和间接访问。

(3) 使用指针变量作为函数参数,就可以通过函数调用改变主调函数中指针变量所指向变量的值。

【实验内容】

1. 任意输入两个整数,根据指定的排序方式输出。

【算法设计提示】

如果输入的两个整数先大后小,指定的排序方式为升序;或者输入的两个整数先小后大,指定的排序方式为降序,则交换指针变量 px 和 py 所指向的变量,达到按指定排序方式输出的目的。

请根据算法设计提示,在下面程序的提示处填空以完成程序。

```
#include<stdio.h>
int main(void)
{
    int x,y, * px=&x, * py=&y, * p;
    char ch;
    printf("请输入两个整数:");
    scanf("%d%d",&x,&y);
    fflush(stdin);
    printf("请指定排序方式(a-升序 d-降序):");
    scanf("%c",&ch);
    if(x>y&&ch=='a'||x<y&&ch=='d')
    {
        /* 请将此处代码补充完整 */
```

```
    }
    printf("排序结果:%d\t%d\n",*px,*py);
    return 0;
}
```

注意:fflush(stdin)函数用来清空标准输入缓冲区,避免调用scanf函数时读入缓冲区中的残留值。

2. 任意输入三个数,找出其中的最大数和最小数。

【算法设计提示】

首先比较前两个数,将较大数存入max中,较小数存入min中。然后比较max与第三个数,将较大数存入max中。最后比较min与第三个数,将较小数存入min中。

请根据算法设计提示,在下面程序的提示处填空以完成程序。

```
#include<stdio.h>
void filter(float *,float *,float *,float *,float *);
int main(void)
{
    float x,y,z,max,min;
    float *px=&x,*py=&y,*pz=&z;
    printf("请输入三个数:");
    scanf("%f%f%f",px,py,pz);
    filter(px,py,pz,&max,&min);
    printf("最大数:%f\n最小数:%f\n",max,min);
    return 0;
}
void filter(float *p1,float *p2,float *p3,float *m,float *n)
{
    /*请将此处代码补充完整*/

}
```

3. 利用通用类型指针(void *)定义swap函数,实现两个任意数据类型变量的值的交换。

【算法设计提示】
不同类型指针变量的值可以直接赋给通用指针变量；通用指针变量若要成为指向特定类型的指针变量，需要进行强制类型转换。

请根据算法设计提示，在下面程序的提示处填空以完成程序。

```c
#include<stdio.h>
#define SCANF(m) scanf("%"#m"%"#m,&m##a,&m##b)
#define PRINTF(m) printf("交换结果:%"#m"\t%"#m"\n",m##a,m##b)
void swap(char,void *,void *,void *);

int main(void)
{
    unsigned ua,ub,ut;
    int da,db,dt;
    float fa,fb,ft;
    double lfa,lfb,lft;
    char ca,cb,ct,ch;
    printf("数据类型:");
    printf("u-无符号整型\ti-有符号整型\tf-单精度实型\td-双精度实型\tc-字符型\n");
    printf("请选择:");
    scanf("%c",&ch);
    fflush(stdin);
    printf("请输入两个指定类型的数据:");
    switch(ch)
    {
        case 'u': SCANF(u);swap(ch,&ua,&ub,&ut);PRINTF(u);break;
        case 'i': SCANF(d);swap(ch,&da,&db,&dt);PRINTF(d);break;
        case 'f': SCANF(f);swap(ch,&fa,&fb,&ft);PRINTF(f);break;
        case 'd': SCANF(lf);swap(ch,&lfa,&lfb,&lft);PRINTF(lf);break;
        case 'c': SCANF(c);swap(ch,&ca,&cb,&ct);PRINTF(c);
    }
    return 0;
}

void swap(char c,void * p1,void * p2,void * p3)
{
    /* 请将此处代码补充完整 */
```

}

注意：在程序中定义了两个有参宏，其中"#"运算符用来将宏参数转换成字符串，"##"运算符用来合并宏参数，具体内容可查阅"编译预处理"的介绍。

实验 2　指针与数组

【实验目的】

（1）理解指针与数组之间的关系。

（2）掌握利用指针引用数组元素的方法。

（3）掌握指向数组的指针变量的定义与引用方法。

（4）掌握数组名作为函数参数的使用方法。

【要点提示】

（1）指针变量的值是地址，那么指针变量的运算实质上是地址的运算。指针变量的运算有如下 4 种：指针变量赋值、指针变量加（减）一个整数、两个指针变量比较和两个指针变量相减。

（2）若有整型指针变量 p 指向整型一维数组 a 的首地址，则 *(p+i) 和 *(a+i) 都表示 p+i 和 a+i 所指对象的内容，即为 a[i]。

（3）C 语言中提供了一种专门指向具有 m 个元素的一维数组的指针变量，如：int(*p)[3]；该指针变量 p 能够直接指向二维数组的行。

【实验内容】

1. 将用户输入的数据放入数组中，然后将该数组中的元素反置，最后输出反置结果。

【算法设计提示】

首先使 p 和 q 两个指针变量分别指向数组首尾两个元素，当 p<q 时，利用暂存变量 t 实现 p 和 q 所指向元素的交换，然后 p 向后移动，q 向前移动，重复执行交换操作直至 p≥q。

请根据算法设计提示，在下面程序的提示处填空以完成程序。

```
#include<stdio.h>
#define N 10
int main(void)
{
    int a[N],t,*p,*q;
    printf("请输入%d 个整数:",N);
    for(p=a;p<a+N;p++)
        scanf("%d",p);
    p=a;
    q=a+N-1;
    /*请将此处代码补充完整*/
```

```
        printf("反置结果:");
        for(p=a;p<a+N;p++)
            printf("%d ",*p);
        printf("\n");
        return 0;
}
```

2. 输入 N 个学生的三门课成绩,输出三门课各自的平均分及最高分。
【算法设计提示】

二维数组 a 用来存放 N 个学生的三门课成绩,数组 score 用来存放三门课各自的总分,变量 max 用来暂存每门课的最高分,变量 i 作为指向 a 中各列的游标。利用指向数组的指针变量 p 依次求出 a 中各列的总和(即每门课的总分),并比较 max 和 *(*p+i)的大小,找到各列中的最大值(即一门课的最高分)。

请根据算法设计提示,在下面程序的提示处填空以完成程序。

```
#include<stdio.h>
#define N 5
int main(void)
{
    float a[N][3],score[3],max;
    float (*p)[3];
    int i;
    printf("请输入%d 个学生的三门课成绩:\n",N);
    for(p=a;p<a+N;p++)
        for(i=0;i<3;i++)
            scanf("%f",*p+i);
    printf("三门课平均成绩及最高分:\n");
    for(i=0;i<3;i++)
    {
        /*请将此处代码补充完整*/




        printf("第%d 门课\t 平均分:%f\t 最高分:%f\n",i+1,score[i]/5,max);
    }
```

```
    return 0;
}
```

3. 编写函数，将 n 个整数的前面各数顺序向后移动 m 个位置，最后 m 个数变成最前面的 m 个数。

【算法设计提示】

利用数组 a 的前 n 个元素存放 n 个整数。循环判断移动位置数 count（初始值为 0）是否小于 m。如果条件满足，则首先暂存 a[n-1]；然后从 a[n-2]开始，将剩余的 n-1 元素依次向后移动一个位置，移动完毕后在 a[0]中存入 a[n-1]；最后累加移动位置数 count，返回循环控制条件继续判断执行。

请根据算法设计提示，在下面程序的提示处填空以完成程序。

```
#include<stdio.h>
#define N 100
void move(int [],int,int);

int main(void)
{
    int a[N];
    int i,m,n;
    printf("请输入整数总个数:");
    scanf("%d",&n);
    printf("请输入%d 个整数:",n);
    for(i=0;i<n;i++)
        scanf("%d",&a[i]);
    printf("请输入准备移动的整数个数:");
    scanf("%d",&m);
    move(a,n,m);
    printf("移动结果:");
    for(i=0;i<n;i++)
        printf("%d ",a[i]);
    printf("\n");
    return 0;
}

void move(int a[],int n,int m)
{
    /*请将此处代码补充完整*/
```

实验3　指针数组与指向指针的指针

【实验目的】

(1)理解指针数组与指向指针的指针的概念。

(2)掌握指针数组的定义与引用方法。

(3)掌握指向指针的指针的使用方法。

【要点提示】

(1)指针数组是一个数组，其每一个数组元素都是指针变量。如：int *a[5];定义了一个指针数组a，其5个数组元素均是指针变量。注意，如果写成了int (*a)[5];则是定义了指向具有5个元素的一维数组的指针变量。

(2)指向指针的指针，也叫"二维指针"。如：int **p;定义了一个二维指针p。

【实验内容】

1. 将一个5×5的矩阵中最大的元素放在中心，四个角分别放四个最小的元素(顺序为从左至右、从上至下依次由小到大存放)。

【算法设计提示】

利用二维数组a存放矩阵中的元素，指针数组p中的元素p[0]指向矩阵中最大的元素，p[1]~p[4]分别指向矩阵中四个最小的元素(p[1]指向其中最大的元素，p[4]指向其中最小的元素)。首先利用选择法对数组p进行排序，使p[0]~p[4]分别指向数组a第一行中由大到小的五个元素。然后从数组a的第二行开始，比较当前元素和p[0]所指向元素的大小：如果当前元素大于p[0]所指向元素，则p[0]指向当前元素；否则将当前元素与p[4]~p[1]所指向元素依次进行比较，如果当前元素小于p[m](m=4,3,2,1)所指向元素，则将p[2]赋值给p[1]，p[3]赋值给p[2]，…，依次类推，直至将p[m]赋值给p[m-1]，并使p[m]指向当前元素。最后利用swap函数交换p[0]~p[4]所指向的元素与矩阵中处于特定位置的元素。

请根据算法设计提示，在下面程序的提示处填空以完成程序。

```
#include<stdio.h>
void swap(int *,int *);
int main(void)
{
    int a[5][5],i,j,m,n;
    int *p[5],*t;
    printf("请输入5*5矩阵:\n");
    for(i=0;i<5;i++)
        for(j=0;j<5;j++)
```

```
            scanf("%d",&a[i][j]);
    for(i=0;i<5;i++)
        p[i]=&a[0][i];
    for(i=0;i<4;i++)
        for(j=i+1;j<5;j++)
            if(*p[i]<*p[j])
            {
                t=p[i];
                p[i]=p[j];
                p[j]=t;
            }
            /*请将此处代码补充完整*/




    swap(p[0],&a[2][2]);
    swap(p[4],&a[0][0]);
    swap(p[3],&a[0][4]);
    swap(p[2],&a[4][0]);
    swap(p[1],&a[4][4]);
    printf("结果矩阵:\n");
    for(i=0;i<5;i++){
        for(j=0;j<5;j++)
            printf("%d ",a[i][j]);
        printf("\n");
    }
    return 0;
}

void swap(int *p1,int *p2)
{
    int t;
    t=*p1;
    *p1=*p2;
    *p2=t;
}
```

2. 利用指向指针的指针和冒泡法对 M×N 矩阵排序并输出，使每行元素按照由大到小的顺序排列。

【算法设计提示】

首先为指针数组 pa 中的元素赋值,使它们分别指向矩阵每行的第一个元素。然后用指向指针的指针 p 作为外层循环控制变量(初始值为 pa,循环递增至 pa+M-1),表示正在排序的当前行。接下来在内层循环中利用冒泡法对当前行进行由大到小的排序,排序过程中通过指针 p 间接引用行内元素。最后输出排序后的结果矩阵。

请根据算法设计提示,在下面程序的提示处填空以完成程序。

```
#include<stdio.h>
#define M 6
#define N 5
int main(void)
{
    int a[M][N],i,j,t;
    int * *p, *pa[M];
    printf("请输入%d 行数据,每行%d 个整数:\n",M,N);
    for(i=0;i<M;i++)
        for(j=0;j<N;j++)
            scanf("%d",&a[i][j]);
    for(i=0;i<M;i++)
        pa[i]=a[i];
    /*请将此处代码补充完整*/




    printf("排序结果:\n");
    for(i=0;i<M;i++)
    {
        for(j=0;j<N;j++)
            printf("%d ",a[i][j]);
        printf("\n");
    }
    return 0;
}
```

实验 4 指针与函数

【实验目的】

(1)理解函数指针的概念。

(2)掌握指向函数的指针变量的定义与引用方法。

(3)掌握函数指针作为函数参数的使用方法。

(4)掌握返回指针的函数的定义与调用方法。

【要点提示】

(1)指向函数的指针变量调用函数的三步骤:定义指向函数的指针变量、对指向函数的指针变量赋值、调用函数。

(2)函数指针作为函数参数,可以实现把一个函数传给另一个函数。

【实验内容】

1. 模拟一个简单的计算器,能够完成两个实数的四则运算。

【算法设计提示】

定义四个函数,分别用来实现两个实数的加、减、乘、除四则运算。在主函数中根据输入的不同运算符,将不同的函数指针(函数入口地址)赋值给指向函数的指针变量 func,然后通过它调用相应的函数来完成运算并输出结果。

请根据算法设计提示,在下面程序的提示处填空以完成程序。

```
#include<stdio.h>
float add(float x,float y)
{
    return x+y;
}
float sub(float x,float y)
{
    return x-y;
}
float mul(float x,float y)
{
    return x * y;
}
float div(float x,float y)
{
    return x/y;
}

int main(void)
{
    float op1,op2;
    char op;
    int done=1;
    float( * func)(float x,float y);
    printf("请输入运算表达式(如3.5+5.8):");
    scanf("%f%c%f",&op1,&op,&op2);
```

```
        /*请将此处代码补充完整*/




    if(done)
        /*请将此处代码补充完整*/




    else
        printf("输入的运算符不合法！\n");
    return 0;
}
```

2. 改写第 1 题中的源程序，利用作为函数参数的函数指针来完成两个实数的四则运算。
【算法设计提示】

定义通用运算函数 compute，其第一个形参 func 为指向函数的指针变量，根据传入实参值(函数指针)的不同，调用不同的函数来完成两个实数的加、减、乘、除四则运算。

请根据算法设计提示，在下面程序的提示处填空以完成程序。

```
#include<stdio.h>
float add(float x,float y)
{
    return x+y;
}
float sub(float x,float y)
{
    return x-y;
}
float mul(float x,float y)
{
    return x*y;
}
float div(float x,float y)
{
    return x/y;
}
```

```
float compute(float(*func)(float x,float y),float a,float b){
    /*请将此处代码补充完整*/




}

int main(void)
{
    float op1,op2,result;
    char op;
    int done=1;
    printf("请输入运算表达式(如3.5+5.8):");
    scanf("%f%c%f",&op1,&op,&op2);
    /*请将此处代码补充完整*/




    if(done)
        printf("%f%c%f=%f\n",op1,op,op2,result);
    else
        printf("输入的运算符不合法!\n");
    return 0;
}
```

3. 利用返回指针的函数找到并输出数组的最大元素及其序号。

【算法设计提示】

findMax 函数的形参 a 用来存放数组的首地址,形参 n 用来存放数组长度,形参 p 指向的变量用来存放最大元素的序号。首先将数组首元素的序号存入 p 所指向的变量(即假设首元素为最大元素);然后从第二个元素开始,依次比较每个元素与(a+*p)所指向元素的大小,将较大元素值的序号存入 p 所指向的变量;最后返回指向最大元素的指针值 a+*p。

请根据算法设计提示,在下面程序的提示处填空以完成程序。

```
#include<stdio.h>
#define N 10
int *findMax(int *a,int n,int *p)
{
    /*请将此处代码补充完整*/
```

```c
    }
    int main(void)
    {
        int a[N],*p,pos;
        printf("请输入%d 个整数:",N);
        for(p=a;p<a+N;p++)
            scanf("%d",p);
        p=findMax(a,N,&pos);
        printf("数组中第%d 个元素最大,元素值为:%d\n",pos,*p);
        return 0;
    }
```

常见错误

1. 指针变量指向了不同数据类型的变量。例如：

  char m;

  int * p;

  p=&m;

只有字符型指针变量才能指向字符型变量 m。而指针变量 p 是整型，因此该指针变量的赋值错误。

2. 错误认为，变量名前面加上"*"就是表示指针变量。例如：表达式 pi=&i，将 i 的地址赋给指针变量 pi，初学者总感觉 pi 前不加"*"它就似乎不是一个指针变量，主观臆断写成 *pi=&i 则为错。只有在定义指针变量时用的"*"才是一种标记符号。

3. 混淆指针变量赋初值和指针变量赋值的表示。例如：

  int i, *ptr1=&i;

这是对指针变量 ptr1 赋初值，但如果作二条语句对指针变量赋值，则可能出现如下错误写法：

  int i, *ptr1;

  ptr1=&i; / 如上面 2 所述，应该写成 ptr1=&i; */

4. 二种定义容易混淆：int(*p)[3] 与 int *p[3]。前者表示指向具有 3 个元素的一维数组的指针变量，后者表示一个指针数组 p，其 3 个数组元素均为指针变量。

5. 在定义指向函数的指针变量时容易出错。要注意指向函数的指针变量和它指向的函数的参数个数和类型是一致的；指向函数的指针变量的类型和函数的返回值类型也是一致的。

6. 注意区分：float * fun(int x，float y)；是一个返回指针的函数，即调用 fun 函数后，将得到一个指向 float 型数据的指针；而 float (* f)(int x)；是一个指向函数的提针变量。

习题 8

一、单项选择题

1. 若已知：int x；int y；则下面表达式合法的是_____。
   (A)&x   (B)&(x+y)   (C)&5   (D)&(y+1)

2. 以下程序中调用 scanf 函数给变量 a 输入数值的方法是错误的，其错误原因是_____。
   ```
   #include<stdio.h>
   int main( void)
   {
       int a, * p = &a;
       printf("input a:");
       scanf("%d", * p);
       ……
   }
   ```
   (A) * p 表示的是指针变量 p 的地址。
   (B) * p 表示的是变量 a 的值，而不是变量 a 的地址。
   (C) * p 表示的是指针变量 p 的值。
   (D) * p 只能用来说明 p 是一个指针变量。

3. 若有语句：int a=4, * p=&a；下面均代表地址的一组选项是_____。
   (A)a, p, & * a   (B) * &a, &a, * p
   (C)&a, p, & * p   (D) * &p, * p, &a

4. 以下程序的输出结果是_____。
   ```
   #include<stdio.h>
   int main( void)
   {
       int a=100,b=10, * p1, * p2;
       p1=&b;p2=&a;
       printf("%d,%d\n", * p1, * p2);
       return 0;
   }
   ```
   (A)分别是 a 和 b 的地址   (B)不确定的值
   (C)10, 100   (D)100, 10

5. 以下程序的输出结果是_____。
   ```
   #include<stdio.h>
   int main( void)
   {
   ```

```
        int *p,*p1,*p2,a=3,b=7;
        p1=&a;p2=&b;
        if(a<b)
            { p=p1;p1=p2;p2=p;}
        printf("%d,%d ",*p1,*p2);
        printf("%d,%d",a,b);
        return 0;
    }
```
  (A)3，7 7，3   (B)7，3 3，7
  (C)7，3 7，3   (D)3，7 3，7

6. 以下程序的输出结果是_____。
```
    #include<stdio.h>
    int main(void)
    {
        int i,*p=&i;
        *p=8;
        printf("i=%d",i);
        return 0;
    }
```
  (A)i 为不定值 (B)i=0   (C)i=8   (D)程序有错误

7. 以下程序的输出结果是_____。
```
    #include<stdio.h>
    int main(void)
    {
        int a[]={1,2,3,4,5,6},*p;
        p=a;
        *(p+3)+=2;
        printf("%d,%d\n",*p,*(p+3));
        return 0;
    }
```
  (A)0，5   (B)1，5   (C)0，6   (D)1，6

8. 若有以下说明和语句，则 p2-p1 的值为_____。
  int a[10],*p1,*p2;
  p1=a;
  p2=&a[5];
  (A)5   (B)6   (C)10   (D)4

9. 已知有以下的说明，那么执行语句 a=p+2；后，a[0]的值等于_____。
  float a[3]={1.2,45.6,-23.0};
  float *p=a;
  (A)1.2   (B)45.6   (C)-23.0   (D)语句有误

10. 以下程序的输出结果是_____。
    ```
    #include<stdio.h>
    int main(void)
    {
        int x[8]={8,7,6,5,0,0},*s;
        s=x+3;
        printf("%d\n",s[2]);
        return 0;
    }
    ```
    (A)随机值　　　(B)0　　　(C)5　　　(D)6

11. 执行以下程序后，b的值为_____。
    ```
    #include<stdio.h>
    int main(void)
    {
        int a[]={6,2,8,4,3};
        int i,b=1,*p;
        p=&a[1];
        for(i=0;i<4;i++)
            b*=*(p+i);
        printf("%d\n",b);
        return 0;
    }
    ```
    (A)192　　　(B)384　　　(C)64　　　(D)1152

12. 以下函数的功能是_____。
    ```
    void fun(int *p1,int *p2)
    {
        int *p;
        *p=*p1;
        *p1=*p2;
        *p2=*p;
    }
    ```
    (A)正确，但没有交换*p1和*p2的值。
    (B)未对P赋值，其值不确定，可能造成系统故障。
    (C)能成功交换*p1和*p2的值。
    (D)能成功交换*p1和*p2的地址。

13. 执行以下程序段后，a的值为_____。
    ```
    int s[2][4]={0,1,2,3,4,5,6,7};
    int a,*p;
    p=&s[0][1];
    a=(*p)*(*p+3)*(*p+5);
    ```

  (A) 24   (B) 15   (C) 28   (D) 不确定

14. 设 int x[] = {4, 2, 3, 1}, q, *p=&x[1]; 则执行语句 q=(*--p)++后，变量 q 的值为 _____。

  (A) 4   (B) 3   (C) 2   (D) 5

15. 执行以下程序段后，a、b、c 的值分别为 _____。

  int a, b, c, x=3, y=7, z=6;
  int *p1=&x, *p2=&y, *p3;
  a=p1==&x;
  b=2*(-*p2)/(*p1)+5;
  c=*(p3=&z)=*p1*(*p2);

  (A) -1, 1, 6   (B) 0, 1, 21   (C) 1, 1, 21   (D) 1, 1, 6

16. 若已知说明语句：int a, s[3][3]; 则不能将 s[2][1] 的值赋给变量 a 的语句是 _____。

  (A) a=s[2][1];   (B) a=*(*(s+2)+1);
  (C) a=*(s[2]+1);   (D) a=*(*(s+2));

17. 以下程序的输出结果是 _____。

```
#include<stdio.h>
void sub(int *x, int y, int z)
{
    *x=y-z;
}
int main(void)
{
    int a, b, c;
    sub(&a, 10, 5);
    sub(&b, a, 7);
    sub(&c, a, b);
    printf("%d,%d,%d\n", a, b, c);
    return 0;
}
```

  (A) 10, -2, 5   (B) 10, 5, 7   (C) 10, -2, 7   (D) 5, -2, 7

18. 已定义以下函数：int fun(int *p) { return *p; } 该函数的返回值是 _____。

  (A) 不确定的值
  (B) 形参 p 中存放的值
  (C) 形参 p 所指存储单元中的值
  (D) 形参 p 的地址值

19. 执行以下程序段后，a 的值是 _____。

  int s[] = {6, 8, 2, 5, 4, 9, 1, 3};
  int a=0, i;
  for(i=1; i<8; i+=2)
    a+=*(s+i);

  (A) 13   (B) 25   (C) 15   (D) 不确定

20. 以下程序调用 findmax 函数返回数组中的最大值，在下画线处应填入的是_____。
```
#include<stdio.h>
int findmax(int *a,int n)
{
    int *p,*s;
    for(p=a+1,s=a;n>1;n--,p++)
        if(_____)s=p;
    return(*s);
}
int main(void)
{
    int x[5]={12,21,13,6,18};
    printf("%d\n",findmax(x,5));
    return 0;
}
```
　　(A)p>s　　　(B)*p>*s　　　(C)a[p]>a[s]　　(D)p-a>p-s

21. 以下程序的输出结果是_____。
```
#include<stdio.h>
int main(void)
{
    int a[]={2,4,6,8},*p=a,i;
    for(i=0;i<4;i++)
        a[i]=*p++;
    printf("%d\n",a[2]);
    return 0;
}
```
　　(A)6　　　　(B)8　　　　(C)4　　　　(D)2

22. 能正确执行 x 和 y 所指向数据的交换且返回结果的函数是_____。
　　(A)void fun(int *x, int *y){int p; p=*x; *x=*y; *y=p;}
　　(B)void fun(int x, int y){int t; t=x; x=y; y=t;}
　　(C)void fun(int *x, int *y){*x=*y; *y=*x;}
　　(D)void fun(int *x, int *y){*x=*x-*y;}

23. 若有以下定义：int a[]={1, 2, 3, 4, 5, 6, 7, 8, 9, 10}, *p=a; 逗号表达式的值为 3 的是_____。
　　(A)p+=2, *(p++)　　　　　(B)p+=2, *++p
　　(C)p+=3, *p++　　　　　　(D)p+=2, ++*p

24. 下列程序段的输出结果是_____。
```
int **pp,*p,a=5,b=8;
pp=&p;p=&a;p=&b;
printf("%d,%d",*p,**pp);
```

(A)5,8　　　　(B)8,5　　　　(C)8,8　　　　(D)5,5

25. 在 int(*p)[3];定义中,标识符 p _____。

(A)定义非法

(B)是一个指针数组,每个元素是一个指向整型变量的指针变量

(C)是一个指针变量,指向一个具有三个整型元素的一维数组

(D)是一个指向整型变量的指针变量

26. 以下定义中与 int *p[4]等价的是_____。

(A)int p[4]　　(B)int *p　　(C)int *(p[4])　　(D)int(*p)[4]

27. 若有以下说明:

int w[3][4]={{0,1},{2,4},{5,8}};

int(*p)[4]=w;

则数值为 4 的表达式是_____。

(A)*w[1]+1　　　　　　　　(B)p++,*(p+1)

(C)w[2][2]　　　　　　　　(D)p[1][1]

28. 以下程序的输出结果是_____。

```
#include<stdio.h>
int main(void)
{
    int a[3][4]={1,3,5,7,9,11,13,15,17,19,21,23};
    int(*p)[4]=a,i,j,k=0;
    for(i=0;i<3;i++)
        for(j=0;j<2;j++)
            k+=*(*(p+i)+j);
    printf("%d\n",k);
    return 0;
}
```

(A)60　　　　(B)68　　　　(C)99　　　　(D)108

29. 若有 int max(),(*p)();为使函数指针变量 p 指向函数 max,正确的赋值语句是_____。

(A)p=max;　　(B)*p=max;　　(C)p=&max;　　(D)*p=max();

30. 在说明语句 int *f()中,标识符 f 代表的是_____。

(A)一个用于指向整型数据的指针变量。

(B)一个用于指向一维数组的指针变量。

(C)一个用于指向函数的指针变量。

(D)一个返回值为指针的函数名。

二、填空题

1. 在 C 程序中,只能给指针变量赋_____值和_____值。

2. 执行以下程序后,a 的值为_____, b 的值为_____。

```
#include<stdio.h>
int main(void)
```

```
        {
            int a,b,k=4,m=6,*p1=&k,*p2=&m;
            a=p1==p2;
            b=(*p2)/(*p1)+7;
            printf("a=%d\n",a);
            printf("b=%d\n",b);
            return 0;
        }
```

3. 以下程序的输出结果是_____。
```
    #include<stdio.h>
    void sub(int *,int,int);
    int main(void)
    {
        int x=0;
        sub(&x,8,1);
        printf("%d\n",x);
        return 0;
    }
    void sub(int *a,int n,int k)
    {
        if(k<=n) sub(a,n/2,2*k);
        *a+=k;
    }
```

4. 若有以下程序段：
   int a[5]={1,3,5,7,9},*p,
   p=&a[2];
   则++*p--的值是_____。

5. 若有以下说明：
   int a[]={8,1,2,5,0,4,7,6,3,9};
   那么a[*(a+a[3])]的值为_____。

6. 执行以下程序段后，指针变量p所指对象的值为_____。
   int a[8]={1,2,3,4,5,6,7,8};
   int *p;
   p=a;
   p++;
   p+=6;
   p--;
   p-=3;

7. 输入10个整数存入一维数组，从中查找某个整数x，查到则输出其是第几个数，查不到则输出"Not Find!"。请填空。

```
#include<stdio.h>
int main(void)
{
    int a[10],x,n=0;
    for(n=0;n<10;n++) scanf("%d",a+n);
    scanf("%d",&x);
    for(n=0;_____;n++);
    if(n==10) printf("Not Find! \n");
    else printf("%d\n",n+1);
    return 0;
}
```

8. 以下程序段的输出结果是_____。

```
float a[8]={1,2,3,4,5,6,7,8};
float *p1,*p2;
p1=&a[3];
p2=&a[7];
printf("%d\n",p2-p1);
```

9. 在数组 s 中查找最小元素，将其存入变量 min 中并输出。请填空。

```
#include<stdio.h>
int main(void)
{
    int s[]={5,8,4,6,10,7};
    int min,*p;
    for(min=s[0],p=s+1;p<s+6;p++)
        min=_____;
    printf("%d\n",min);
    return 0;
}
```

10. 以下程序的输出结果是_____。

```
#include<stdio.h>
int main(void)
{
    int a[10],i,*p;
    for(i=0;i<10;i++)   a[i]=i+1;
    for(p=a;p<a+10;p+=*p) printf("%d",*p);
    return 0;
}
```

11. 执行以下程序段后，s 的值是_____。

```
int a[]={5,3,7,2,1,5,3,10},s=0,k;
for(k=0;k<8;k+=2)
```

s+=*(a+k);

12. 以下程序对数组进行由小到大排序。请填空。
```
#include<stdio.h>
#define N 10
void swap(int *,int *);
int main(void)
{
    int data[N];
    int *p,*q;
    for(p=data;p<data+N;p++)    scanf("%d",p);
    for(p=data;p<data+N-1;p++)
        for(q=p+1;q<data+N;q++)
            _____;
    for(p=data;p<data+N;p++)    printf("%d ",*p);
    return 0;
}
void swap(int *a,int *b)
{
    int temp;
    temp=*a;*a=*b;*b=temp;
}
```

13. 若有定义：int a[3][2]={2,4,6,8,10,12};则 *(a[1]+1) 的值是_____。

14. 以下程序中 select 函数的功能是在二维数组中查找并返回每行的最大元素。请填空。
```
#include<stdio.h>
#define M 3
#define N 4
void select(int(*p)[N],int *q)
{
    int(*p_end)[N]=p+M,*t;
    for(;p<p_end;p++,q++)
        for(_____;t<*p+N;t++)
            if(*t>*q)   *q=*t;
}
int main(void)
{
    int a[M][N]={9,11,23,6,1,15,9,17,20,15,4,13},num[M],i;
    select(a,num);
    for(i=0;i<M;i++)
        printf("第%d行的最大值为:%d\n",i+1,num[i]);
```

return 0;
}

15. 若有以下程序段：
    int *p[3],a[3][4],i;
    for(i=0;i<3;i++)p[i]=*(a+i)+i;
则 *p[0] 引用的是数组元素_____；*(p[1]+1) 引用的是数组元素_____。

16. 以下程序的输出结果是_____。
    #include<stdio.h>
    int main(void)
    {
        int a[12]={1,2,3,4,5,6,7,8,9,10,11,12},*p[4],i;
        for(i=0;i<4;i++)   p[i]=&a[i*3];
        printf("%d\n",p[3][2]);
        return 0;
    }

17. 若有以下定义语句，则 *++*pp 的值是_____。
    int a[ ]={0,1,2,3,4};
    int *p[ ]={a,a+1,a+2,a+3,a+4};
    int **pp=p;

18. 已有函数原型声明 double collect(double,double(*)(double));若要定义指向该函数的指针变量 p，则定义语句为_____。

19. 以下程序的输出结果是_____。
    #include<stdio.h>
    int *f(int *x,int *y)
    {
        if(*x<*y) return x;
        else return y;
        return 0;
    }
    int main(void)
    {
        int a=7,b=8,*p=&a,*q=&b,*r;
        r=f(p,q);
        printf("%d,%d,%d\n",*p,*q,*r);
        return 0;
    }

20. 若要声明一个函数 foo，它带一个 int 参数，并且返回一个函数指针，指针类型为 void(*)(int*,int,char);该函数的原型声明为_____。

三、判断题

1. 内存单元间接访问指的是直接根据变量名存取变量的值。(　　)
2. 判断以下程序段是否有错。(　　)
   ```
   int a, * p;
   a = 100; * p = a;
   ```
3. 以下程序的输出结果是：i=8,j=4。(　　)
   ```
   #include<stdio.h>
   void swap(int * p1,int * p2)
   {
       int * p;
       p=p1;p1=p2;p2=p;
   }
   int main(void)
   {
       int i=4,j=8;
       swap(&i,&j);
       printf("i=%d,j=%d\n",i,j);
       return 0;
   }
   ```
4. 当两个指针指向同一数组中的不同元素时，两个指针相减的差即为两个指针相隔的元素个数。(　　)
5. 以下程序的输出结果是：sum=945。(　　)
   ```
   #include<stdio.h>
   int fun(int a[],int n)
   {
       int * a_end=a+n,s=1;
       for(;a<a_end;a++)
       if( * a%2)   s * = * a;
       return s;
   }
   int main(void)
   {
       int array[10]={1,2,3,4,5,6,7,8,9,10};
       printf("sum=%d\n",fun(array,10));
       return 0;
   }
   ```
6. 若有定义语句：int a[2][3]={1, 3, 5, 7, 9, 11}, * p1=a[0], (* p2)[3]=a;则指针变量 p1 与 p2 中存放的地址值相等，两者是等价的。(　　)
7. 若有如下定义语句：
   int a[3][5]={1,2,3,4,5,6,7,8,9,10,11,12,13,14,15};
   int(* p)[5], * q,i,j;

则语句：

for(p=a;p<a+3;p++)

for(q=*p;q<*p+5;q++)printf("%d ",*q);

与语句：

for(i=0;i<3;i++)

for(j=0;j<5;j++)printf("%d ",*(a[i]+j));

输出结果是相同的。（   ）

8. 若有定义语句：int a[3][4]，*p[3]={*a，*(a+1)，*(a+2)}；则*(p[1]+2)引用的数组元素是a[0][3]。（   ）

9. 以下程序的输出结果是：3，3。（   ）

```
#include<stdio.h>
int main(void)
{
    int ****p1,***p2,**p3,*p4,i=3;
    p1=&p2;p2=&p3;p3=&p4;p4=&i;
    printf("%d,",****p1);
    printf("%d\n",*p4);
    return 0;
}
```

10. 以下程序中可通过语句vol=pf(r,h)；正确调用volume函数。（   ）

```
#include<stdio.h>
#define PI 3.14
double volume(double radius,double height)
{
    return PI*radius*radius*height;
    return 0;
}
int main(void)
{
    double(*pf)(double,double);
    double vol,r,h;
    scanf("%lf%lf",&r,&h);
    pf=volume;
    vol=pf(r,h);
    printf("Volume=%lf\n",vol);
    return 0;
}
```

四、阅读程序题

1. 读程序，写出程序运行结果。

#include<stdio.h>

```
    int i;
    int fun(int,int *);
    int main(void)
    {
        int i=1,j=2;
        fun(fun(i,&j),&j);
        return 0;
    }
    int fun(int a,int *b)
    {
        static int m=2;
        i+=m+a;
        m=++(*b);
        printf("%d,%d\n",i,m);
        return(m);
    }
```

2. 读程序，写出程序运行结果。
```
    #include<stdio.h>
    int main(void)
    {
        int a[10]={17,-4,25,31,68,72,0,9,22,58},*p,odd=0,even=0;
        for(p=a;p<a+10;p++)
            if(*p%2)  odd+=++*p;
            else even+=--*p;
        printf("%d,%d\n",odd,even);
        return 0;
    }
```

3. 读程序，写出程序运行结果。
```
    #include<stdio.h>
    void fun(int *a,int i,int j)
    {
        int t;
        if(i<j)
        {
            t=a[i];a[i]=a[j];a[j]=t;
            fun(a,++i,--j);
        }
    }
    int main(void)
    {
```

```
        int a[ ]={1,2,3,4,5,6},i;
        fun(a,0,5);
        for(i=0;i<6;i++)    printf("%d ",a[i]);
        return 0;
    }
```

4. 读程序，写出程序运行结果。
```
    #include<stdio.h>
    int main(void)
    {
        int a[3][3]={{2},{0,4},{0,0,6}},i,*p=a[0];
        for(i=0;i<3;i++)
        {
            if(i%2==0)a[i][2-i]=*p;
            else
            {p=a[2]+2;continue;}
            printf("%d",*p);
        }
        return 0;
    }
```

5. 读程序，写出程序运行结果。
```
    #include<stdio.h>
    #define N 10
    void exchange(int *,int);
    int main(void)
    {
        int a[N]={45,11,5,79,-4,32,96,8,67,15},i;
        exchange(a,N);
        for(i=0;i<N;i++)
            printf("%d ",a[i]);
        return 0;
    }

    void exchange(int *p,int n)
    {
        int *p_end=p+n,*min=p,*max=p,t;
        for(p=p+1;p<p_end;p++)
            if(*p<*min)    min=p;
            else if(*p>*max)    max=p;
        p-=n;p_end-=1;
        t=*p;*p=*min;*min=t;
```

```
        t= *p_end; *p_end= *max; *max=t;
    }
```

6. 读程序，写出程序运行结果。
   ```
   #include<stdio.h>
   int main(void)
   {
       int a[][4]={{0,0,0,6},{0,0,8},{0,10},{12}},(*p)[4],*q,i;
       for(p=a,i=0;p<a+4;p++,i++)
       {
           for(q=*p;q<*p+4;q++)
               if(*q!=0)
               {
                   *(*p+i)=*q-i;
                   break;
               }
           printf("%d ",*(*p+i));
       }
       return 0;
   }
   ```

7. 读程序，写出程序运行结果。
   ```
   #include<stdio.h>
   int main(void)
   {
       int a[4][4]={15,20,3,14,63,47,0,18,29,51,44,52,78,14,35,21};
       int *p[4],*q,i,j;
       for(i=0;i<4;i++)
           p[i]=a[i]+i;
       for(i=0;i<3;i++)
           for(j=i+1;j<4;j++)
               if(*p[i]<*p[j])
               {
                   q=p[i];p[i]=p[j];p[j]=q;
               }
       for(i=0;i<4;i++)
           printf("%d ",*p[i]);
       return 0;
   }
   ```

8. 读程序，写出程序运行结果。
   ```
   #include<stdio.h>
   #define N 6
   ```

```c
void fun(int * *);
int main(void)
{
    int a[N][N],*p[N],i;
    for(i=0;i<N;i++) p[i]=a[i];
    fun(p);
    for(i=2;i<N;i++)   printf("%d",p[i][2]);
    return 0;
}
void fun(int * *pp)
{
    int i,j;
    * *pp=1;
    for(i=1;i<N;i++)
    {
        * *(pp+i)=1; *(*(pp+i)+i)=1;
        for(j=1;j<i;j++)
            *(*(pp+i)+j)= *(*(pp+i-1)+j-1)+ *(*(pp+i-1)+j);
    }
}
```

9. 读程序，写出程序运行结果。
```c
#include<stdio.h>
int r1=0,r3=0;
float r2=0.0;
void sum(int x)
{
    r1+=x;
}
void aver(int x)
{
    static int n=1;
    r2=(r2*(n-1)+x)/n;
    n++;
}
void count(int x)
{
    r3++;
}
int main(void)
{
```

```
        int a[10]={5,8,0,32,-6,0,-39,23,-56,78},i;
        void(*fp)(int x);
        for(i=0;i<10;i++)
        {
            switch(a[i]>0? 1:(a[i]<0? -1:0))
            {
                case 1: fp=sum;break;
                case -1: fp=aver;break;
                default: fp=count;
            }
            (*fp)(a[i]);
        }
        printf("%d,%.2f,%d\n",r1,r2,r3);
        return 0;
    }
```

10. 读程序，写出程序运行结果。

```
    #include<stdio.h>
    int *split(long,int *);
    int main(void)
    {
        long x=2869;
        int *p_end,*p,a[100];
        p_end=split(x,a);
        for(p=a;p<=p_end;p++)
            printf("%d",*p);
        return 0;
    }
    int *split(long x,int *a)
    {
        do
        {
            *a++=x%10;
            x=x/10;
        }while(x!=0);
        return --a;
    }
```

输出：_____

五、编程题

1. 将两个升序数组合并为一个升序数组，合并结果存放到第一个数组中。
2. 有 n 个人围坐一圈并按顺时针方向从 1 到 n 编号，从第 1 个人开始进行 1 到 m 的报数，报数到第 m 个人，此人出圈，再从他的下一个人重新开始 1 到 m 的报数，如此进行下去直到所有的人都出圈为止。求 n 个人出圈的顺序。

3. 数组 a 中包含若干零元素，写一个函数 void func(int * a, int n)，把零元素移至数组尾部，非零元素移至数组前部并按升序排列。

4. 在数组中查找第 k 大元素，输出元素值与下标。

例如：数组 a 中包含 10 个元素 a[0]~a[9]，元素值分别为 17、17、14、13、17、12、14、13、16、15，则第 4 大元素的值为 14，元素下标分别为 2 和 6。

5. 输入一个长整型数，求该数中某子数出现的次数。

例如：长整型数 1366606626 中子数 66 出现的次数为 3。

第9章 字 符 串

实验1 字符数组

【实验目的】

(1)理解字符串与字符数组的概念。

(2)掌握字符数组的定义与引用方法。

【要点提示】

(1)理解字符串的结束标记'\0'。在字符数组初始化时,有时会在数组末尾自动添加'\0',如:char a[ ]="fine";但有时不会添加'\0',如 char a[ ]={'f','i','n','e'};。

(2)定义字符数组时,数组的长度应不小于字符串有效字符的个数+1。

(3)字符数组元素的输出,可以用格式"%c"结合循环结构逐个输出,也可以用格式"%s"整体输出。

(4)若用 char str[10]; scanf("%s", str);执行字符数组的输入时,scanf 函数读入的字符串结束于下一个空白符(空格、Tab 键、回车键)之前。也就是,如果输入"How are you",则只有"How"读入数组 str 中存储。如果需要存储该句子,则定义三个字符数组,如:

　　　　char a[10],b[10],c[10];

　　　　scanf("%s%s%s",a,b,c);这样表示。

【实验内容】

1. 有一篇文章,共有 3 行文字,每行有 80 个字符。要求分别统计出其中英文大写字母、小写字母、数字、空格以及其他字符的个数。

【算法设计提示】

定义二维字符数组 a[3][80]来存储此篇文章,利用双重循环和格式字符 c 对数组元素逐个输入字符。对输入的每个字符,判断其是否是英文大写字母、小写字母、数字、空格或其他字符,并根据其类型递增相应的统计变量。

请根据算法设计提示,在下面程序的提示处填空以完成程序。

```
#include<stdio.h>
int main(void)
{
    char a[3][80];
    int i,j,capital=0,lowercase=0,digital=0,blank=0,others=0;

    for(i=0;i<3;i++)
```

```
            printf("请输入文章第%d 行的 80 个字符:",i+1);
            /*请将此处代码补充完整*/




            fflush(stdin);
        }
        printf("英文大写字母个数:%d\n",capital);
        printf("英文小写字母个数:%d\n",lowercase);
        printf("数字个数:%d\n",digital);
        printf("空格个数:%d\n",blank);
        printf("其他字符个数:%d\n",others);
        return 0;
    }
```

2. 任意输入一个字符串，将字符串中所有小写字母 o 左边的字符串内容移到该串的右边存放，然后把小写字母 o 删除，余下的字符串内容移到已处理字符串的左边存放。

例如：原始字符串：You have the correct record.

结果字符串：rd. Yu have the crrect rec

【算法设计提示】

首先找到小写字母 o 在字符串中的位置，将其右边的所有有效字符向左移动一位，删除小写字母 o。然后用小写字母 o 左边字符串的首字符取代整个字符串的最后一个有效字符，并将整个字符串中从第二个字符开始的所有有效字符向左移动一位；反复执行上述取代和移动操作，直至将小写字母 o 左边的字符串内容完全移到整个字符串的右边存放。最后，继续寻找小写字母 o 在字符串中的下一个位置，反复执行上述步骤，完成所有的字符串操作。

请根据算法设计提示，在下面程序的提示处填空以完成程序。

```
        #include<stdio.h>
        int main(void)
        {
            char s[80];
            int i=0,j;
            printf("请输入字符串:");
            gets(s);
            while(s[i]!='\0')
                if(s[i]=='o')
                {
                    /*请将此处代码补充完整*/
```

```
        }
        else   i++;
    printf("结果字符串:%s\n",s);
    return 0;
}
```

3. 在字符串数组中存入 5 个字符串，以行为单位对字符串按给定的条件进行排序，排序后的结果仍按行重新存入字符串数组中。

条件：从字符串中间一分为二，左边部分按字符的 ASCII 码值降序排序，右边部分按字符的 ASCII 码值升序排序。如果原字符串长度为奇数，则最中间的字符不参加排序，字符仍放在原位置上。

例如：原始字符串：abcdhgfe
　　　　　　　　　123498765
　　结果字符串：　dcbaefgh
　　　　　　　　　432195678

【算法设计提示】

以字符串数组的行为单位，对存入其中的字符串作如下处理：首先计算字符串的长度并存入变量 len，用变量 half 存放长度值的二分之一。然后用选定的排序方法(选择法、冒泡法等)对字符串的左边部分(元素下标为 0~half-1)进行降序排序。接下来判断字符串长度是否为奇数，如果是则变量 half 加 1，跳过最中间的字符。最后对字符串的右边部分(元素下标为 half~len-1)进行升序排序。

请根据算法设计提示，在下面程序的提示处填空以完成程序。

```
#include<stdio.h>
int main(void)
{
    char s[5][80],ch;
    int i,j,k,len,half;
    for(i=0;i<5;i++)
    {
        printf("请输入第%d 个字符串:",i+1);
        gets(s[i]);
        /*请将此处代码补充完整*/
```

```
        }
    puts("排序结果:");
    for(i=0;i<5;i++)
        puts(s[i]);
    return 0;
}
```

实验 2 字符串指针变量

【实验目的】

(1) 掌握字符串指针变量的定义与初始化方法。

(2) 理解字符串指针变量与字符数组的区别和联系。

(3) 掌握字符串指针变量作为函数参数的使用方法。

【要点提示】

(1) 字符串指针变量常用来存储字符数组的首地址,即指向该字符串。以后就可以通过移动指针变量取得字符串中的任意字符。

(2) 字符数组和字符串指针变量都是表达字符串的,很多时候用法一样。但本质有别,一个是存储字符串,另一个是指向字符串。

(3) 尽管可以将字符数组的任意元素地址赋给字符指针变量,但为了方便理解,建议将数组首地址赋给指针变量。

【实验内容】

1. 输入一个英文句子,将句中每个单词的首字母改成大写,单词之间用空格分隔。

【算法设计提示】

字符串指针变量 p 用来指向英文句子,变量 word 用来作为判别是否出现单词的标志。对 p 所指向的字符进行判断:如果该字符为空格,变量 word 置为 0,表示未出现单词;如果该字符为非空格并且变量 word 值为 0,表示该字符的前一个字符为空格,即该字符为新单词的首字母,变量 word 置为 1,并根据该字母是否是小写来决定是否将其改成大写;如果该字符为非空格并且变量 word 值不为 0,表示该字符是原来单词的继续,不用执行任何操作。

请根据算法设计提示,在下面程序的提示处填空以完成程序。

```
#include<stdio.h>
int main(void)
{
    char str[80],*p;
    int word=0;
    printf("请输入英文句子:");
    gets(str);
    /*请将此处代码补充完整*/
```

```
        printf("经过处理的英文句子:%s\n",str);
        return 0;
    }
```

  2. 编写一个字符串处理函数，它的功能是：把字符串中的第一个字符的 ASCII 码值加第二个字符的 ASCII 码值，得到第一个新字符，第二个字符的 ASCII 码值加第三个字符的 ASCII 码值，得到第二个新字符，依次类推一直处理到倒数第二个字符，最后一个字符的 ASCII 码值加原第一个字符的 ASCII 码值，得到最后一个新字符，得到的新字符分别存放到原字符串对应的位置上。最后逆转字符串，输出处理结果。

【算法设计提示】

  定义 deal 函数，首先判断字符串是否为空。若不为空，则循环判断指针变量 s 所指字符的下一个字符是否为结束符。若不是，则把 s 所指向字符的 ASCII 码值加上 s 所指向字符的下一个字符的 ASCII 码值，运算结果存入 s 所指向的元素中。当 s 指向最后一个有效字符时，用预先保存的原第一个字符 ASCII 码值加上 s 所指向字符的 ASCII 码值，运算结果存入 s 所指向的元素中。最后，使指针变量 p(初始指向字符串的首字符)不断向后移动(指向字符串的下一个字符)使 s(初始指向字符串的最后一个有效字符)不断向前移动(指向字符串的上一个字符)。比较 p 与 s 的大小，如果 p<s，交换 p 与 s 所指向元素的值，实现字符串的逆转。

  请根据算法设计提示，在下面程序的提示处填空以完成程序。

```
        #include<stdio.h>
        void deal(char * );
        int main(void)
        {
            char str[80];
            printf("请输入字符串:");
            gets(str);
            deal(str);
            printf("处理后的字符串:");
            puts(str);
            return 0;
        }
        void deal(char * s)
        {
            /*请将此处代码补充完整*/
        }
```

  3. 输入一个字符串，内有数字和非数字字符，如：
Ab123xyz874⌴*[429],72
编写一个函数，功能是：将字符串中连续的数字作为一个整数，依次存放到一个整型数组中,并统计共有多少个整数。

【算法设计提示】

定义 transition 函数,它包含两个形参:字符串指针变量 s 指向待处理的字符串,整型指针变量 p 指向整型数组元素。函数返回整型值,表示整数的总个数。在函数内部定义变量 find 和 num:变量 find 作为判别是否出现数字字符的标志,初值为 0;变量 num 用来统计整数总个数,初值为 0。对 s 所指向字符串的所有有效字符依次进行判断:如果该字符为数字字符,变量 find 置为 1,该字符转换成整数数字,并使其成为 p 所指向数组元素的个位数;如果该字符为非数字字符并且变量 find 值为 1,表示该字符的前一个字符为数字字符,即该字符为新的非数字字符段的首字符,变量 find 置为 0,p 指向下一个数组元素,并对变量 num 的值进行累加;如果该字符为非数字字符并且变量 find 值不为 1,表示该字符是原来非数字字符段的继续,不用执行任何操作。最后,针对字符串尾部为连续数字字符的特殊情况,判断变量 find 值是否为 1,如果为 1,则对变量 num 的值进行累加。

请根据算法设计提示,在下面程序的提示处填空以完成程序。

```c
#include<stdio.h>
int transition(char *,int *);
int main(void)
{
    char str[80];
    int a[80]={0},num,*q;
    printf("请输入字符串:");
    gets(str);
    num=transition(str,a);
    printf("一共有%d个整数,它们分别是:",num);
    for(q=a;q<a+num;q++)
        printf("%d ",*q);
    return 0;
}
int transition(char *s,int *p)
{
    /*请将此处代码补充完整*/
}
```

实验 3 字符串处理函数

【实验目的】

(1)理解字符串处理函数的基本概念。
(2)掌握常用字符串处理函数的使用方法。

【要点提示】

(1) 注意区分 gets 与 scanf 在输入字符串时的区别。格式说明"%s"的 scanf 函数执行输入时，字符串中一旦有空格符、Tab 键、回车键，则 scanf 读入该字符串结束。而利用 gets 函数输入时，字符串中可以有空白符。

(2) 注意区分 puts 与 printf 在输出字符串时的区别。puts 输出完后自动换行，而 printf 函数中要用转义字符'\n'。

(3) gets 与 puts 只能输入和输出一个字符串。

【实验内容】

1. 任意输入一个字符串，利用 strcpy 与 strlen 函数删除字符串头部和尾部的空格，输出处理前与处理后的字符串内容及其长度。

例如：原始字符串：␣␣␣ Java ␣ is ␣ an ␣ object ␣ oriented ␣ program ␣ design ␣ language. ␣␣␣

　　　原始字符串长度为 58

　　　结果字符串：Java ␣ is ␣ an ␣ object ␣ oriented ␣ program ␣ design ␣ language.

　　　结果字符串长度为 51

【算法设计提示】

首先使字符串指针变量 s 指向字符串的第一个非空格字符，该字符可能是字符串的非空格有效字符或结束符（字符串为空或所有有效字符均为空格）。然后利用 strcpy 函数将 s 所指向的子串复制到 str 数组中，删除字符串头部的空格，如果原串为空或原串所有有效字符均为空格，则 str 数组中存入空串。接下来判断 s 所指向字符是否为结束符，不是则表明原串中至少包含一个非空格有效字符，利用 strlen 函数使 s 指向字符串的最后一个有效字符，判断其是否为空格字符。是则继续向前移动，判断上一个字符，直至 s 指向字符串的最后一个非空格有效字符，将 s 所指向字符的下一个字符置为结束符，删除字符串尾部的空格。

请根据算法设计提示，在下面程序的提示处填空以完成程序。

```
#include<stdio.h>
#include<string.h>
int main(void)
{
    char str[80],*s;
    printf("请输入原始字符串:");
    gets(str);
    printf("原始字符串长度为%d\n",strlen(str));
    /*请将此处代码补充完整*/
    printf("结果字符串:");
    puts(str);
    printf("结果字符串长度为%d\n",strlen(str));
    return 0;
}
```

2. 利用指向指针的指针和 strcmp 函数对 5 个字符串进行升序排序并输出结果。

【算法设计提示】

定义字符串指针数组 str，其中的数组元素分别指向 5 个字符串。定义指向指针的指针 p 和 q，分别指向数组 str 的不同元素。利用选择法对 5 个字符串进行排序，在排序过程中使用 strcmp 函数比较 *p 和 *q 所指向的字符串，如果 *p 所指向字符串大于 *q 所指向字符串，则交换 *p 和 *q 中存放的字符串指针。

请根据算法设计提示，在下面程序的提示处填空以完成程序。

```
#include<stdio.h>
#include<string.h>
int main(void)
{
    char * str[5] = {"Java Applet","ASP.NET","JavaScript",
    "Cascading Style Sheet","VBScript"};
    char * s,* * p,* * q;
    /* 请将此处代码补充完整 */
    printf("排序后的字符串:\n");
    for(p=str;p<str+5;p++)
        puts(* p);
    return 0;
}
```

常 见 错 误

1. 前面的学习，已经习惯 scanf 函数的第二个参数有取地址符号"&"，于是在输入字符串时，有了 char str[10]; scanf("%s", &str); 如此错误地表示。这里的 str 本是数组名，就是地址，因此不能有 &str 如此表示。

2. 错误地认为，字符串的存储方式在二种：字符数组存储和字符串指针变量存储。其实，字符串指针变量存储的只是字符的地址，或说是字符串的首地址，而不是整个字符串。

3. 字符串指针变量可以用下面二种赋值

  char * p="How are you";或 char * p;
         p="How are you";

然而，字符数组的赋值，如：char str[20]="How are you"; 是正确的；
但是，
  char str[20];
  str="How are you";
则是错误的。要知道 str 是数组名，是地址，地址怎么能够被赋值呢？

4. 在用字符串处理函数时，要注意参数的意义。例如，字符串连接函数 strcat(str1, str2)和字符串复制函数 strcpy(str1, str2)中尤其要注意，str1 必须有足够的长度以容纳 str2 的内容，否则会因越界产生错误。

习题 9

一、单项选择题

1. 以下定义语句中，错误的是_____。
   (A) char str[10]={"string"};
   (B) char str[]="string";
   (C) char str[10]={'s','t','r','i','n','g'};
   (D) char str[]='s','t','r','i','n','g';

2. 若定义数组并初始化：char s[10]={'0','1','2','3','4','5','6','7','8','9'}; 以下正确语句是_____。
   (A) scanf("%c", s[0]);   (B) scanf("%s", &s);
   (C) printf("%c", s[9]);   (D) printf("%s", s);

3. 若有以下程序：
   ```
   #include<stdio.h>
   int main(void)
   {
       char str[10];int i;
       scanf("%s",str);
       for(i=0;i<10;i++) printf("%c",str[i]);
       return 0;
   }
   ```
   设从键盘上输入：a␣b␣c␣d␣e↙，则程序的输出结果是_____。
   (A) a␣b␣c␣d␣e␣   (B) a
   (C) 不确定   (D) ␣␣␣␣␣␣

4. 若定义数组并初始化：char a[][5]={{'*'},{'*',' ','*'},{'*',' ',' ',' ','*'},{'*',' ','*'},{'*'}}; 则a[0][0]和a[4][4]的初值分别为_____。
   (A) *, \0   (B) *, ␣   (C) ␣, ␣   (D) \0, \0

5. 设有：char s[ ][10]={"data","access","control"}, 则数组 s 占用的内存字节数为_____。
   (A) 17   (B) 30   (C) 20   (D) 24

6. 若有程序段：char str[]="Sunny"; printf("%5.3s", str); 则输出结果是_____。
   (A) Sunny   (B) Sun␣␣   (C) ␣␣nny   (D) ␣␣Sun

7. 设有：char s[]="\"ABC\"\\\'A\'=\102\x43"; 数组 s 包含的有效字符个数为_____。
   (A) 12   (B) 16   (C) 语法错误   (D) 23

8. 若有以下程序：
   ```
   #include<stdio.h>
   int main(void)
   {
   ```

```
        char s1[10],s2[10],s3[10];
        scanf("%s",s1);gets(s2);scanf("%s",s3);
        printf("%s,%s,%s\n",s1,s2,s3);
        return 0;
    }
```
    设从键盘上输入：YAC␣DAS␣HERO↙YYQ␣DH↙，则程序的输出结果是_____。

       （A）YAC,␣DAS␣HERO,YYQ   （B）YAC␣DAS␣HERO,YYQ,DH

       （C）YAC,DAS␣HERO,YYQ   （D）YAC,␣DAS␣HERO,YYQ␣DH

9. 下列正确的描述是_____。

   （A）在定义字符数组时不进行初始化，数组元素会被赋予默认初值"\0"

   （B）可以在省略行下标和列下标的情况下，对二维字符数组进行初始化

   （C）在定义字符数组时进行部分初始化，未初始化元素会被赋予默认初值"\0"

   （D）在用字符串常量初始化字符数组时，数组长度应至少等于字符串有效字符的个数

10. 以下程序段在VC6.0中的输出结果是_____。

```
    char s[]="123",*p=s;
    printf("%c%c%c\n",*p++,*p++,*p++);
```
   （A）123   （B）231   （C）321   （D）111

11. 以下程序段的输出结果是_____。

```
    char s[]="one",*p=s;
    printf("%d\n",*(p+3));
```
   （A）s[3]的地址值   （B）0

   （C）114   （D）不确定

12. 以下程序的输出结果是_____。

```
    #include<stdio.h>
    int main(void)
    {
        int add=0,sub=0,mul=0,div=0,other=0;
        char *s="a+b-c*d/e",ch;
        while((ch=*s++)!='\0')
        switch(ch)
        {
            case '+': add++;break;
            case '-': sub++;break;
            case '*': mul++;break;
            case '/':div++;break;
            default: other++;
        }
        printf("%d,%d,%d,%d\n",add,sub,div,other);
```

        return 0;
    }
    (A) 2, 1, 0, 1   (B) 2, 1, 0, 5   (C) 2, 1, 1, 5   (D) 2, 1, 1, 0

13. 以下程序的输出结果是_____。
    #include<stdio.h>
    int main(void)
    {
        char str[ ]="xyz", *ps=str;
        while(*ps) ps++;
        for(ps--;ps>=str;ps--) puts(ps);
        return 0;
    }
    (A) xyz   (B) z   (C) z   (D) xyz
        xy   y   yz   xyz
        x   xxyz   xyz

14. 若有以下定义语句：
    char str[ ][20]={"privacy","homomorphism"};
    char *s[ ]={"privacy","homomorphism"};
    则不同语句中字符串常量占用的内存字节总数分别为_____。
    (A) 40, 19   (B) 40, 21   (C) 26, 21   (D) 21, 21

15. 以下程序的输出结果是_____。
    #include<stdio.h>
    int main(void)
    {
        char *s="Wzgz&Vmxibkg",dec[80],*t=dec;
        for(;*s!='\0';s++)
            if(*s>='A'&&*s<='Z') *t++=26+64-*s+1+64;
            else if(*s>='a'&&*s<='z') *t++=26+96-*s+1+96;
            else *t++=*s;
        *t='\0';
        puts(dec);
        return 0;
    }
    (A) DATA&ENCRYPT   (B) data&encrypt
    (C) DataEncrypt   (D) Data&Encrypt

16. 以下程序段的输出结果是_____。
    char *dic[ ][2]={"AOP","SAP","OOP","SCI","CSI","FBI"};
    char **p,*q;
    p=*(dic+1);q=*(dic[2]+1);printf("%s,%s\n",*p,q);
    (A) SAP, SCI   (B) OOP, OOP

（C）OOP，FBI　　　　　　　　（D）SAP，FBI

17. 下列正确的描述是_____。
    （A）与字符数组相比，利用字符串指针变量存储字符串会占用更少的内存字节数
    （B）字符串指针变量仅能用来指向字符串，不能用来指向单个字符
    （C）在定义字符串指针变量时不进行初始化，指针变量会被赋予默认初值 0
    （D）字符数组名可以赋给字符串指针变量，但字符串指针变量值不能赋给字符数组名

18. 以下程序的输出结果是_____。
```
#include<stdio.h>
#include<string.h>
int main(void)
{
    char string[]="A string\tof,,tokens\nand some more tokens";
    char seps[]=" ,\t\n";
    char * token;
    token=strtok(string,seps);
    while(token)
    {
        printf("%s",token);
        token=strtok(NULL,seps);
    }
    return 0;
}
```
（A）and␣some␣more␣tokens␣
（B）A␣string␣of␣tokens␣and␣some␣more␣tokens␣
（C）A␣string␣of，tokens␣and␣some␣more␣tokens␣
（D）A␣string␣

19. 以下程序的输出结果是_____。
```
#include<stdio.h>
#include<string.h>
void func2(char * ,char * );
void func1(char * s,char * p)
{
    char * t=s+3;
    if(s>p) return;printf("%c",* s);
    if(s<t){s+=2;func2(s,p);}
}
void func2(char * s,char * p)
{
    char * t=s+3;
```

```
        if(s>p) return;printf("%c",*s);
        if(s<t){s+=2;func1(s,p);}
}
int main(void)
{
        char str[]="hello,friend!",*pe;
        pe=str+strlen(str);func1(str,pe);printf("\n");
        return 0;
}
```
  (A)hlofin!　　　(B)hlfe!　　　(C)hlo　　　(D)死循环

20. 以下程序的输出结果是_____。
```
#include<stdio.h>
void change(char *p)
{
        char *q;
        for(q=p;*p!='\0';p++)
        if(*p<'n') *q++=*p;
        *q='\0';
}
int main(void)
{
        char str[]="morning";
        change(str);puts(str);
        return 0;
}
```
  (A)migning　　　(B)morning　　　(C)mig　　　(D)mign

21. 设有：char s[ ][5]={"OOP","AOP","SAP"},(*p)[5]=s,*q=*s;则下列均表示字符串"AOP"首字符地址的是_____。
  (A)p+1，q+1　　　　　　　(B)p+1，q+5
  (C)*(p+1)，q+5　　　　　　(D)*(p+1)，q+1

22. 以下程序的输出结果是_____。
```
#include<stdio.h>
#include<string.h>
int main(void)
{
        char str1[]="homomorphism",str2[20],*s1=str1,*s2=str2;
        while(*s1)
        {
                if(*s1>*(str1+2)) strcpy(s2++,s1);
                s1++;
```

```
        * s2 = '\0';
        printf("%d\n", strlen(str2));
        return 0;
    }
```
  (A) 6   (B) 1   (C) 7   (D) 2

23. 以下程序的输出结果是_____。

```
#include<stdio.h>
void change(char *p)
{
    if(*p>='A' && *p<='Z') *p = *p+'a'-'A';
}
int main(void)
{
    char str[] = "ABC+abc=defDEF", *s = str;
    while(*s) change(s++);
    printf("%s\n", str);
    return 0;
}
```
  (A) ABC+ABC=DEFDEF   (B) abc+abc=defdef
  (C) abc+ABC=DEFdef   (D) abc+abc=DEFDEF

24. 以下程序的输出结果是_____。

```
#include<stdio.h>
void fun(char *);
int main(void)
{
    char str[] = "123";
    fun(str);
    return 0;
}
void fun(char *s)
{
    if(*s)
    {
        fun(++s);
        printf("%s\n", --s);
    }
}
```
  (A) 3   (B) 123   (C) 1   (D) 3
    32   12   12   23

　　　　321　　　　　　1　　　　　　123　　　　　　123

25. 若有定义语句：char * name [ ] = {"JAVA","XML","AJAX"}；则 name[2]的值是_____。

　　(A)一个字符　　(B)一个地址　　(C)一个字符串　　(D)不定值

26. 以下程序的输出结果是_____。

```
#include<stdio.h>
#include<string.h>
int main(void)
{
    char * p1 = "abcde", * p2 = "ABCDE", s[10] = "12345";
    strcpy(s+2,p1+3); strcat(s,p2+2);
    printf("%s \n",s);
    return 0;
}
```

　　(A)12deCDE　　(B)12de5CDE　　(C)de345CDE　　(D)deCDE

27. 下列错误的描述是_____。

　　(A)gets 函数一次只能输入一个字符串，scanf 函数一次可输入多个字符串

　　(B)puts 函数输出字符串完毕后自动换行，printf 函数输出字符串完毕后不自动换行

　　(C)gets 函数和 scanf 函数都能输入包含空格的字符串

　　(D)puts 函数一次只能输出一个字符串，printf 函数一次可输出多个字符串

28. 若有定义语句：char * name [ ] = {"VLDB","SIGMOD","ICDE"}；则三个字符串常量在内存中所占字节数分别为_____。

　　(A)4，6，4　　(B)5，7，5　　(C)7，7，7　　(D)6，6，6

29. 若有以下程序段：

　　char * s1 = "12345", * s2 = "abcd";
　　printf("%d\n",strlen(strcpy(s1,s2)));

　　则在 VC6.0 中的输出结果是_____。

　　(A)4　　(B)5　　(C)9　　(D)执行错误

30. 若有以下程序：

```
#include<stdio.h>
int main(void)
{
    char * s[ ] = {"one","two","three"}, * * p, * q;
    p=s;q=s[1];
    printf("%c%c%c\n", * * p, * (q+1), * (s[2]+2));
    return 0;
}
```

则程序的输出结果是_____。

　　(A)otr　　(B)owr　　(C)one　　(D)ott

二、填空题

1. 若有定义语句：char c[10]="China"；则 c[8]的值为_____。

2. 对从键盘上输入的两个字符串进行比较，然后输出两个字符串中第一个不相同字符的 ASCII 码之差。请填空。

```
#include<stdio.h>
int main(void)
{
    char str1[100],str2[100];
    int i=0,s;
    printf("第一个字符串:");gets(str1);
    printf("第二个字符串:");gets(str2);
    while((str1[i]==str2[i])&&(_____))i++;
    s=_____;
    printf("%d\n",s);
    return 0;
}
```

3. 从键盘上输入一个十进制数，能以二到十六进制数中的任一进制输出。请填空。

```
#include<stdio.h>
int main(void)
{
    char b[16]={'0','1','2','3','4','5','6','7','8','9','A','B',
                'C','D','E','F'};
    int c[64],index,i=0,base;
    long n;
    printf("请输入一个十进制整数:");scanf("%ld",&n);
    printf("请输入目标基数:");scanf("%d",&base);
    do{
        c[i]=_____;
        i++;n=n/base;
    }while(n>0);
    for(i--;i>=0;_____){
        index=c[i];
        printf("%c",_____);
    }
    printf("\n");
    return 0;
}
```

4. 以下程序的输出结果是_____。

```
#include<stdio.h>
int main(void)
```

```
    {
        char s[80]="abc123edf456gh",d[80];
        int i,j;
        for(i=j=0;s[i]!='\0';i++)
            if(s[i]>='0'&&s[i]<='9') {d[j]=s[i];j++;}
        d[j]='\0';
        printf("%s\n",d);
        return 0;
    }
```

5. 从键盘上输入一个整数字符串,将其转换为一个整数输出。请填空。

```
    #include<stdio.h>
    int main(void)
    {
        char str[20];
        long num=0;
        int i=0,sign=1,temp;
        scanf("%s",str);
        if(str[0]!='\0'&&str[0]=='-') {_____;i++;}
        for(;str[i]!='\0';i++)
        {
            temp=str[i]-'0';
            _____;
        }
        _____;
        printf("%ld\n",num);
        return 0;
    }
```

6. 以下程序的输出结果是_____。

```
    #include<stdio.h>
    int main(void)
    {
        char str[5][20]={"Oracle","SQLServer","DB2","Infomix","PostgreSQL"};
        int i,j,len,max=0,index=0;
        for(i=0;i<5;i++)
        {
            len=0;
            for(j=0;str[i][j]!='\0';j++) len++;
            if(max<len)
                {max=len;index=i;}
        }
```

```
        printf("%s,%d\n",str[index],max);
        return 0;
    }
```

7. 以下程序的输出结果是_____。
```
    #include<stdio.h>
    int main(void)
    {
        char str[] = "cryptography query", * ps, * pe;
        for(pe=str; * pe! ='\0';pe++);
        for(ps=str;ps<pe;ps+=2)   printf("%c", * ps);
        printf("\n");
        return 0;
    }
```

8. 从键盘上输入一个字符串，然后在字符串的每两个字符之间插入一个空格，形成新字符串并输出，如原串为 abcd，则新串为 a␣b␣c␣d。请填空。
```
    #include<stdio.h>
    #include<string.h>
    int main(void)
    {
        char str[80], * p, * q;
        int len;
        gets(str);
        len=strlen(str);
        for(p=str; * p! ='\0';_____)
        {
            for(q=str+len;q>p;q--)_____;
            * (q+1)=' ';
            _____;
        }
        * (p-1)='\0';
        puts(str);
        return 0;
    }
```

9. 以下程序的输出结果是_____。
```
    #include<stdio.h>
    int main(void)
    {
        char str[] = {"479038562"}, * p=str;
        int i;
        long sum=0;
```

```
for(i=0;p[i]>='0'&&p[i]<='9';i+=2)
    sum=10*sum+(p[i]-'0');
printf("%ld\n",sum);
return 0;
}
```

10. 从键盘上输入一个字符串，判断其是否中心对称，如"xyzzyx"和"xyzyx"都是中心对称的。请填空。

```
#include<stdio.h>
#include<string.h>
int main(void)
{
    char str[80],*ps,*pe;
    int len;
    gets(str);
    len=strlen(str);
    for(ps=str,pe=str+len-1;ps<pe;_____)
        if(*ps!=*pe)
            break;
    if(ps<pe)
        printf("NO\n");
    else
        printf("YES\n");
    return 0;
}
```

11. 以下程序的输出结果是_____。

```
#include<stdio.h>
#include<string.h>
int main(void)
{
    char str[]="abdcfehgij",*s=str,*p,ch;
    int len,k=0;
    len=strlen(str);
    while(k<len)
    {
        if(*s%2==0)
        {
            ch=*s;
            for(p=s+1;p<str+len;p++) *(p-1)=*p;
            *(p-1)=ch;
        }
```

```
        else s++;
        k++;
    }
    puts(str);
    return 0;
}
```

12. 函数 count(s) 的功能是统计字符串 s 中元音字母 (a、A、e、E、i、I、o、O、u、U) 的个数。请填空。

```
#include<stdio.h>
int count(char *s)
{
    char vowel[] = "aAeEiIoOuU", *p;
    int index[256] = {0}, sum = 0;
    for(p = vowel; *p != '\0'; p++)
        index[*p] = 1;
    for(p = s; *p != '\0'; p++)
        if(_____)
            sum++;
    return sum;
}
int main(void)
{
    char str[80];
    gets(str);
    printf("%d\n", count(str));
    return 0;
}
```

13. 在字符串数组中查找某个特定的字符串。请填空。

```
#include<stdio.h>
int main(void)
{
    char name[5][20] = {"YANG Ao-cheng", "YU Ying-qiu",
        "YANG Hong-fei", "LIU Jia", "HUANG Yu-ying"};
    char in_name[20], (*p)[20], *q, *s;
    gets(in_name);
    for(p = name; p < name+5; p++)
    {
        for(_____; *q != '\0'; q++, s++)
            if(*q != *s) break;
        if(_____) break;
```

```
        }
        if(p==name+5) printf("%s is not in the name list!\n",in_name);
        else printf("%s is in the name list!\n",in_name);
        return 0;
    }
```

14. 函数 fun(s, t)的功能是将字符串 s 中 ASCII 码值为偶数的字符删除，ASCII 码值为奇数的字符形成新字符串 t。请填空。

```
    #include<stdio.h>
    void fun(char *,char *);
    int main(void)
    {
        char str[80],des[80];
        gets(str);fun(str,des);
        printf("str:%s\ndes:%s\n",str,des);
        return 0;
    }
    void fun(char *s,char *t)
    {
        char *p=s,*q;
        while(*p!='\0')
        if(*p%2!=0)_____;
        else
        {
            for(q=p+1;*q!='\0';q++)_____;
            *(q-1)='\0',
        }
        *t='\0';
    }
```

15. 以下程序的输出结果是_____。

```
    #include<stdio.h>
    #include<string.h>
    void move(char *str,char dire)
    {
        char *p=str,ch;
        int len;
        len=strlen(str);
        switch(dire)
        {
            case 'l': ch=*p;
                for(p=str+1;p<str+len;p++)   *(p-1)=*p;
```

```
              *(p-1)=ch;break;
        case 'r': ch=*(p+len-1);
              for(p=str+len-1;p>str;p--)   *p=*(p-1);
              *p=ch;
    }
}
int main(void)
{
    char s[80]="JavaScript";
    int i;
    for(i=1;i<=5;i++) move(s,'r');
    for(i=1;i<=3;i++) move(s,'l');
    printf("%s\n",s);
    return 0;
}
```

16. 以下程序的输出结果是_____。
```
#include<stdio.h>
void fun(char *);
int main(void)
{
    char *a="yu6#A27?";
    fun(a);
    printf("\n");
    return 0;
}
void fun(char *s)
{
    char ch='\0';
    if(*s)    {ch=*s++;fun(s);}
    if(ch!='\0')   putchar(ch);
}
```

17. 以下程序运行后，如果从键盘上输入：

    book↙

    book ↙

    则输出结果是_____。
```
#include<stdio.h>
#include<string.h>
int main(void)
{
    char a1[80],a2[80],*s1=a1,*s2=a2;
```

```
        gets(s1);gets(s2);
        if(! strcmp(s1,s2))
            printf(" * ");
        else
            printf("#");
        printf("%d\n",strlen(strcat(s1,s2)));
        return 0;
    }
```

18. 按照英文字母顺序将字符串数组中的字符串合并到新的字符数组中并输出，串与串之间用空格分隔。例如：如果字符串数组中的字符串为"Welcome"、"to"、"Wuhan"、"University"，则合并到字符数组中的字符串为"University Welcome Wuhan to"。请填空。

```
        #include<stdio.h>
        #include<string.h>
        #define N 4
        int main(void)
        {
            char a[4][20]={"Welcome","to","Wuhan","University"};
            char str[100]={0},temp[20];
            int i,j;
            for(i=1;i<=N-1;i++)
            {
                for(j=1;j<=N-i;j++)
                    if(_____)
                    {
                        strcpy(temp,a[j-1]);strcpy(a[j-1],a[j]);
                        strcpy(a[j],temp);
                    }
                _____;
                strcat(str," ");
            }
            _____;
            printf("%s\n",str);
            return 0;
        }
```

19. 函数insert(s1, s2, position)的功能是在字符串s1中的指定位置position处插入字符串s2。请填空。

```
        #include<stdio.h>
        #include<string.h>
        #define N 80
        int insert(char *,char *,int);
```

```c
int main(void)
{
    char str1[N],str2[N];
    int pos,result;
    gets(str1);gets(str2);scanf("%d",&pos);/* 位置从 0 开始编号    */
    result=insert(str1,str2,pos);
    if(result==-1)
        printf("error! \n");
    else
        puts(str1);
    return 0;
}
int insert(char * s1,char * s2,int position)
{
    int len1,len2,flag=1;
    char * ps1, * ps2;
    len1=strlen(s1),len2=strlen(s2);
    if(position<0||position>len1||len1+len2>=N)flag=-1;
    else if(position==0)
    {
        strcat(s2,s1);strcpy(s1,s2);
    }
    else if(position==len1)
        strcat(s1,s2);
    else
    {
        for(ps1=s1+len1;ps1>=s1+position;ps1--) _____;
        for(ps1++,ps2=s2;ps2<s2+len2; _____ ) * ps1= * ps2;
    }
    return flag;
}
```

20. 以下程序的输出结果是_____。

```c
#include<stdio.h>
#include<string.h>
int main(void)
{
    char * name[ ]={"John","Mary","Lili","Bob"};
    char * * p, * * q, * t;
    for(p=name,q=name+3;p<q;p++,q--)
    {
```

```
            t=*p;*p=*q;*q=t;
        }
        for(p=name;p<name+4;p++)
        printf("%s ",*p);
        printf("\n");
        return 0;
    }
```

三、判断题

1. 若有定义语句：char c[ ]="girl"；则字符数组 c 在内存中占用 5 个字节。（   ）
2. 若有定义语句：char a[3][5]；则可用语句 scanf("%s"，a)；给数组 a 输入最多包含 14 个有效字符的字符串。（   ）
3. 以下程序的输出结果是：AbcDE。（   ）

```
#include<stdio.h>
int main(void)
{
    char str[20];
    if("AbcDE">"ABC")
        str="AbcDE";
    else
        str="ABC";
    printf("%s\n",str);
    return 0;
}
```

4. 字符串指针变量用来存储整个字符串的地址，不能用来保存单个字符的地址。（   ）
5. 判断以下程序段是否有错。（   ）
    ```
    char ch='A',*str=&ch;
    str="BORAHS902";
    ```
6. 以下程序的输出结果是：EDCBA。（   ）

```
#include<stdio.h>
int main(void)
{
    char s1[ ]="eDcBa",s2[ ]="EdCbA";
    char *ps1=s1,*ps2=s2;
    while(*ps1!='\0')
        if(*ps1++<*ps2++) *(ps1-1)=*(ps2-1);
    printf("%s\n",s1);
    return 0;
}
```

7. 若有以下程序段：
    char a[ ][10]={"Beijing","One World","One Dream"};

char *s1,(*s2)[10];
   s1=*a+10,s2=a+1;
   则 s1、*s2 和 a[1]指向相同的字符串。(   )

8. 以下程序的输出结果是：95。(   )
   ```
   #include<stdio.h>
   int compare(char *,char *);
   int main(void)
   {
       char *str1="Chinee",*str2="Chinamc";
       int result=compare(str1,str2);
       printf("%d\n",result);
       return 0;
   }
   int compare(char *s1,char *s2)
   {
       int offset=0;
       while(*s1!='\0'||*s2!='\0')
       {
           if(*s1=='\0') offset-=*s2,s2++;
           else if(*s2=='\0')  offset+=*s1,s1++;
           else offset+=*s1-*s2,s1++,s2++;
       }
       return offset;
   }
   ```

9. 以下程序段的输出结果为：6。(   )
   ```
   char s[]={'s','t','r','i','n','g'};
   printf("%d\n",strlen(s));
   ```

10. 判断以下程序段是否有错。(   )
    ```
    char str1[20],str2[]="Olmpic Games 2008";
    strcpy(str1,str2);
    strcat(str1,"China Beijing");
    ```

四、阅读程序题

1. 阅读以下程序，填写运行结果。
   ```
   #include<stdio.h>
   #include<string.h>
   int main(void)
   {
       char str[80]="hgfedcba",ch;
       int i,j,len;
       len=strlen(str);
   ```

```
        for(i=1;i<len-2;i+=2)
            for(j=i+2;j<len;j+=2)
                if(str[i]>str[j])
                {
                    ch=str[i];
                    str[i]=str[j];
                    str[j]=ch;
                }
        puts(str);
        return 0;
    }
```
输出：_____

2. 阅读以下程序，填写运行结果。
```
    #include<stdio.h>
    void chg(char[]);
    int main(void)
    {
        char str[]="Je t'aime";
        chg(str);
        puts(str);
        return 0;
    }
    void chg(char s[])
    {
        char ch=s[0];
        int i;
        for(i=1;s[i]!='\0';i++)
            s[i-1]=s[i];
        s[i-1]=ch;
    }
```
输出：_____

3. 阅读以下程序，填写运行结果。
```
    #include<stdio.h>
    int main(void)
    {
        char str[3][20]={"47&6**1#","?@538%Zy9AB26u","120k!7+$9"};
        long t,s=0;
        int i,j;
        for(i=0;i<3;i++)
        {
```

```
            t=0;
            for(j=0;str[i][j]!='\0';j++)
                if(str[i][j]>='0'&&str[i][j]<='9')
                    t=t*10+str[i][j]-'0';
            s+=t;
        }
        printf("%d\n",s);
        return 0;
    }
```
输出：_____

4. 阅读以下程序，填写运行结果。
```
    #include<stdio.h>
    int find(char [][80],char [],int);
    int main(void)
    {
        char str[4][80]={"oods ookop","ooo sodfgoo","aso zxoooky","trouiow hbooo"};
        char substr[]="oo";
        int num;
        num=find(str,substr,4);
        printf("num=%d\n",num);
        return 0;
    }
    int find(char str[][80],char substr[],int k)
    {
        int i,j,m,n,s=0;
        for(i=0;i<k;i++)
            for(j=0;str[i][j]!='\0';j++)
            {
                m=j;n=0;
                while(substr[n]!='\0')
                    if(str[i][m]==substr[n])
                    {
                        m++;n++;
                    }
                    else break;
                if(substr[n]=='\0')   s++;
            }
        return s;
    }
```
输出：_____

5. 阅读以下程序，填写运行结果。
```
#include<stdio.h>
int main(void)
{
    char *s="xcbc3abcd";
    int a,b,c,d;
    a=b=c=d=0;
    for(;*s!='\0';s++)
        switch(*s)
        {
            case 'c': c++;
            case 'b': b++;
            default: d++;break;
            case 'a': a++;
        }
    printf("a=%d,b=%d,c=%d,d=%d\n",a,b,c,d);
    return 0;
}
```
输出：_____

6. 阅读以下程序，填写运行结果。
```
#include<stdio.h>
int main(void)
{
    char s1[]="They are students.",s2[]="aeiou",*pf,*ps,*q;
    int a[256]={0};
    for(q=s2;*q!='\0';q++)   a[*q]=1;
    for(pf=ps=s1;*pf!='\0';pf++)
        if(!a[*pf])
        {
            *ps=*pf;ps++;
        }
    *ps='\0';
    puts(s1);
    return 0;
}
```
输出：_____

7. 阅读以下程序，填写运行结果。
```
#include<stdio.h>
#include<string.h>
void fun(char *,int);
```

```c
int main(void)
{
    char str[] = "HelloWorld";
    fun(str, strlen(str));
    puts(str);
    return 0;
}
void fun(char *s, int n)
{
    char *s1, *s2, ch;
    s1 = s;
    s2 = s+n-1;
    while(s1<s2){
        ch = *s1++;
        *s1 = *s2--;
        *s2 = ch;
    }
}
```

输出：_____

8. 阅读以下程序，填写运行结果。

```c
#include<stdio.h>
void countmax(char *);

int main(void)
{
    char str[] = "#ex689*?((071118AXZm@ HS902*$+=08101979!<YM";
    countmax(str);
    return 0;
}

void countmax(char *s)
{
    char *t, *r, *p;
    int num=0, max=0;
    while(*s!='\0'){
        t=s;
        while(*t>='0' && *t<='9'){num++;t++;}
        if(max<num){max=num;r=s;}
        if(s!=t){s=t;num=0;}
        else  s++;
```

```
        printf("%d,",max);
        for(p=r;p<r+max;p++)putchar(*p);
        putchar('\n');
    }
```
输出：＿＿＿＿＿＿＿＿

9. 阅读以下程序，填写运行结果。
```
    #include<stdio.h>
    #include<string.h>
    char *scmp(char *s1,char *s2)
    {
        if(strcmp(s1,s2)<0)return s1;
        elsereturn s2;
        return 0;
    }
    int main(void)
    {
        char string[20],str[3][20]={"abcd","abba","abc"};
        strcpy(string,scmp(str[0],str[1]));
        strcpy(string,scmp(string,str[2]));
        puts(string);
        return 0;
    }
```
输出：＿＿＿＿＿＿＿＿

10. 阅读以下程序，填写运行结果。
```
    #include<ctype.h>
    #include<string.h>
    void fun(char *p)
    {
        int i,len;
        char s[30],*q=s;
        len=strlen(p);
        for(i=0;i<len;i+=2)
            if(!isspace(*(p+i))&&*(p+i)!='a')
                *q++=*(p+i);
        *q='\0';
        strcpy(p,s);
    }
    int main(void)
    {
```

```
        char s[30]="p r o g r a m e";
        fun(s);
        puts(s);
        return 0;
    }
```

输出：_____

五、编程题

1. 把字符串中所有字母改成该字母的下一个字母，字母 Z 改成字母 A，字母 z 改成字母 a。要求大写字母仍为大写字母，小写字母仍为小写字母，其他字符不做改变。

2. 在字符串数组中存入一篇英文文章，以行为单位对行中以空格为分隔的所有单词进行倒排。最后把已处理的字符串仍按行重新存入字符串数组中。

   例如：原文：I ⊔⊔ am ⊔ a ⊔⊔⊔ teacher
   　　　　　⊔⊔⊔ You ⊔ are ⊔⊔ a ⊔ student ⊔⊔⊔⊔
   　　　结果：teacher ⊔⊔⊔⊔ a ⊔ am ⊔⊔ I
   　　　　　　⊔⊔⊔⊔ student ⊔ a ⊔⊔ are ⊔ You ⊔⊔⊔

3. 处理字符串中除字母和数字以外的其他 ASCII 码字符，对多于一个的连续相同字符，将其缩减至仅保留一个。

   例如：原字符串：99＊＊＊ccZZZ ⊔⊔⊔ &&2555！＄！！！(((aa ⊔⊔ 000％％％
   　　　处理后的字符串：99＊ccZZZ ⊔ &2555！＄！(aa ⊔ 000％

4. 写一函数，将字符串中第 m 个字符到第 n 个字符之间的全部字符复制成为另一个字符串（允许逆向复制）。

   例如：原字符串：My ⊔ email ⊔ is ⊔ missforever@126.com
   　　　　　　　　m=5,n=16
   　　　处理后的字符串：mail ⊔ is ⊔ miss
   　　　　　　　　m=27,n=17
   　　　处理后的字符串：621@ reverof

5. 写一函数，将整数转换成字符串。

   例如：整数：2008902
   　　　转换字符串：2008902
   　　　整数：-19700701
   　　　转换字符串：-19700701

第10章 结构体、共用体和枚举

实验1 结构体

【实验目的】
(1) 掌握结构体类型变量的定义和使用。
(2) 掌握结构体数组的定义和使用。
(3) 掌握结构体作为函数参数的使用方法。

【要点提示】
(1) 结构体是可能具有不同类型的成员的集合,用来描述简单类型无法描述的复杂对象。必须先定义结构体类型,再定义结构体变量。
(2) 结构体数组中的每一个元素都是结构体类型变量。
(3) 结构体作为函数参数的使用方法有三种:用结构体类型变量的成员作为函数参数、用整个结构体类型变量作为函数参数以及用指向结构体类型变量(或结构体数组)的指针作为函数参数。

【实验内容】
1. 输入并运行下面的程序,分析输出结果。

【算法设计提示】
不同的运行环境会得到不同的结果。
程序如下:

```c
#include<stdio.h>
struct student
{
    long number;
    char name[20];
    float scores[4];
};
int main(void)
{
    struct student s={1001,"王涛",90.0,85.0,88.0,79.0};
    printf("long 类型占用 %d 个字节。\n",sizeof(long));
    printf("char 类型占用%d 个字节。\n",sizeof(char));
    printf("float 类型占用 %d 个字节。\n",sizeof(float));
```

```c
        printf("struct student 类型占用 %d 个字节。\n",sizeof(struct student));
        printf("变量 s 类型占用 %d 个字节。\n",sizeof(s));
        return(0);
}
```

2. 设某班有 N 名学生，每个学生的信息包括学号，姓名，性别，三门功课成绩和平均分。编程，从键盘输入学生的学号，姓名，性别和三门功课成绩，计算每个学生的平均分；输入任意一个学号，输出该学生的所有信息。请将程序中未实现的部分补充完整。

【算法设计提示】

　　本题采用顺序检索。

　　程序如下：

```c
#include<stdio.h>
#define N   10
struct student
{
    long number;
    char name[20],sex;
    float score[3],average;
};
int main(void)
{
    struct student stu[N];
    long xuehao;
    int i,l=-1;
    printf("请按如下顺序输入 %d 名学生的信息：\n",N);
    printf("学号姓名性别成绩1成绩2成绩3\n");
    for(i=0;i< N;i++)
    {
        printf("请输入第 %d 名学生的信息：\n",i+1);
        scanf("%ld%s% * c%c% * c%f%f%f",&stu[i].number,
            &stu[i].name,&stu[i].sex,&stu[i].score[0],&stu[i].score[1],&stu[i].score[2]);
    }
    for(i=0;i< N;i++)
        stu[i].average=(stu[i].score[0]+stu[i].score[1]+
            stu[i].score[2])/3;
    printf("请输入学号：");
    scanf("%ld",&xuehao);
    /* 请将此处代码补充完整 */
```

```
/*采用顺序检索,查找匹配学号*/
/*找到则输出该学生的所有信息,并停止检索*/
/*没找到则输出提示信息*/
return(0);
}
```

3. 从键盘输入 10 本书的名称和定价,按书的定价由低到高的顺序输出所有书的各项数据。按下面的要求编写程序,并上机调试。

(1)定义一个结构体类型来说明书的信息。
(2)定义一个结构体数组保存 10 本书的信息。
(3)定义一个函数按书的定价对结构体数组中的数据进行排序。

【算法设计提示】
排序函数可以采用结构体数组名作函数参数。

实验 2 单向链表

【实验目的】
(1)掌握单向链表的概念。
(2)掌握单向链表的基本操作。

【要点提示】
(1)单向链表是由若干个相同类型的结点通过依次串接方式构成的一种动态数据结构。链表中的每一个结点都由两部分组成:一是程序中用到的数据,二是用来链接下一个结点的指针。
(2)对单向链表的操作主要建立链表、遍历链表、删除链表中的结点、将结点插入链表等。

【实验内容】
建立一个单向链表,输出奇数结点的数据域值(链表结构自定义)。

实验 3 共用体

【实验目的】
掌握共用体类型变量的定义和使用。

【要点提示】
共用体也是可能具有不同类型的成员的集合。不同于结构体的是,系统只为共用体中最大的成员分配存储空间,共用体的成员在这个空间内彼此覆盖。必须先定义共用体类型,再定义共用体变量。

【实验内容】
1. 输入并运行下面的程序,分析输出结果。
程序如下:

```c
#include<stdio.h>
union value
{
    int iv;
    char cv;
    float fv;
};
int main(void)
{
    union value u1,u2,u3;
    u1.iv=100;
    u2.cv='A';
    u3.fv=3.14;
    printf("int 类型占用 %d 个字节。\n",sizeof(int));
    printf("char 类型占用%d 个字节。\n",sizeof(char));
    printf("float 类型占用 %d 个字节。\n",sizeof(float));
    printf("union value 类型占用%d 个字节。\n",sizeof(union value));
    printf("\n 变量 u1 占用%d 个字节。\n",sizeof(u1));
    printf("成员 u1.iv 的值为:%d。\n",u1.iv);
    printf("成员 u1.cv 的值为:%c。\n",u1.cv);
    printf("成员 u1.fv 的值为:%f。\n",u1.fv);
    printf("\n 变量 u2 占用%d 个字节。\n",sizeof(u2));
    printf("成员 u2.iv 的值为:%d\n",u2.iv);
    printf("成员 u2.cv 的值为:%c\n",u2.cv);
    printf("成员 u2.fv 的值为:%f\n",u2.fv);
    printf("\n 变量 u3 占用%d 个字节。\n",sizeof(u3));
    printf("成员 u3.iv 的值为:%d\n",u3.iv);
    printf("成员 u3.cv 的值为:%c\n",u3.cv);
    printf("成员 u3.fv 的值为:%f\n",u3.fv);
    return(0);
}
```

2. 现有一张表存放着学生和教师的信息,表中包括编号、姓名、性别、年龄、类别、班级或职务等项目。其中,最后一项根据类别的不同填写的内容也不同。若类别为学生,则填写其班级;若类别为教师,则填写其职务。现在利用共用体的特点,编写一个程序,输入该表中的信息,并将表中年龄大于 20 岁的学生和年龄小于 40 岁的教师信息输出。

【算法设计提示】

参考教材【程序 10-7】。

实验 4　枚举

【实验目的】
掌握枚举类型变量的定义和使用。

【要点提示】
枚举类型是将所有可能的取值一一列举出来。必须先定义枚举类型,再定义枚举变量。

【实验内容】
从 A、B、C 三个字母中任取 3 个不同的字母,输出所有取法的字母排列。请将程序中未实现的部分补充完整。

【算法设计提示】
枚举类型数据不能直接输入输出,需要通过编程处理。
程序如下:

```
#include<stdio.h>
void show(enum letter kk);
enum letter {A,B,C};
int main(void)
{
    enum letter i,j,k;
    for(i=A;i<=C;i=enum letter(int(i) + 1))
        for(j=A;j<=C;j=enum letter(int(j) + 1))
            for(k=A;k<=C;k=enum letter(int(k) + 1))
                /*请将此处代码补充完整*/
                /*判断所选为3个不同的字母*/
                /*输出这三个字母,得到一种取法的字母排列*/
    printf("\n");
    return(0);
}
void show(enum letter kk)
{
    switch(kk)
    {
        case  A: printf("A");break;
        case  B: printf("B");break;
        case  C: printf("C");break;
    }
    printf("\t");
}
```

常见错误

1. 定义结构体类型时，忘记了最后面的分号。
2. 不能将一个结构体变量作为一个整体进行输入和输出。

习题 10

一、单项选择题

1. 结构体变量所占内存是_____。
   (A) 各成员所需内存的总和
   (B) 结构体中第一个成员所需内存量
   (C) 结构体中占内存量最大成员所需内存量
   (D) 结构体中最后一个成员所需内存量

2. C 语言中结构体变量在程序执行期间_____。
   (A) 所有成员一直驻留在内存中
   (B) 只有一个成员驻留在内存中
   (C) 部分成员驻留在内存中
   (D) 没有成员驻留在内存中

3. 对结构体变量定义不正确的是_____。

   (A)
   ```
   #define STUDENT struct student
   STUDENT
   {
       char name[20];
       int num;
   } std;
   ```

   (B)
   ```
   struct student
   {
       char name[20];
       int num;
   } stu;
   ```

   (C)
   ```
   struct
   {
       char name[20];
       int num;
   } std;
   ```

   (D)
   ```
   struct
   {
       char name[20];
       int num;
   } student;
   struct student stu;
   ```

4. 以下程序输出为_____。
   ```
   #include<stdio.h>
   int main(void)
   {
   ```

```
    struct birthday
    {
        int year,month,day;
    }birth;
    printf("%d\n",sizeof(struct birthday));
    return(0);
}
```
 (A)6　　　　　(B)8　　　　(C)10　　　　(D)12

5. 设有以下定义，则不正确的引用是_____。

```
struct student
{
    int age;
    int num;
}*p;
```
 (A)(p++)->num　　　　　　(B)p++
 (C)(*p).num　　　　　　　(D)p=&student.age

6. 设有以下定义，则不正确的引用是_____。

```
#include<stdio.h>
int main(void)
{
    struct s
    {
        int x;
        int y;
    }snum[2]={1,3,7,15};
    printf("%d\n",snum[0].x + snum[1].y);
    return(0);
}
```
 (A)4　　　　　(B)8　　　　(C)16　　　　(D)18

7. 设有以下定义，p指向num域的是_____。

```
struct student
{
    int num;
    char name[20];
}stu,*p;
```
 (A)p=&stu.num;
 (B)*p=stu.num;
 (C)p=(struct student *)&(stu.num);
 (D)p=(struct student *)stu.num;

8. 设有以下定义，则不正确的引用是_____。

```
struct student
{
    int age;
    int num;
}stu, *p;
p=&stu;
```
(A) stu.age　　　(B) p->age　　　(C) (*p).age　　　(D) *p.age

9. 选择一种格式填入，使下面程序段中指针 p 指向一个整型变量。
```
int *p;
p=maclloc(sizeof(int));
```
(A) int　　　(B) int *　　　(C) (*int)　　　(D) (int *)

10. 设有以下定义，则不正确的引用是_____。
```
struct teacher
{
    long id;
    char name[20];
    char position[20];
};
struct teacher t[10], *p=t;
```
(A) scanf("%s", t[0].name)
(B) scanf("%ld", &t[0].id)
(C) scanf("%s", p->position)
(D) scanf("%ld", p->id)

11. 设有以下说明：
```
union
{
    int i;
    char c;
    double d;
}test;
```
则 sizeof(test) 的值是_____。
(A) 13　　　(B) 12　　　(C) 8　　　(D) 4

12. 设有以下说明：
```
union
{
    int i;
    char c;
    double d;
}a;
```
则错误的叙述是_____。

(A) a 所占的内存长度等于成员 d 的长度
(B) a 的地址和它的各成员地址都是同一地址
(C) 不能对 a 初始化
(D) 可以对 a 中的成员赋值

13. 已知：
    union u
    {
        int i;
        char ch;
    } temp;
    现在执行"temp.i=97"，temp.ch 的值为_____。
    (A) 266　　　(B) 256　　　(C) 97　　　(D) 1

14. 以下对 C 语言中共用体类型数据的正确叙述是_____。
    (A) 一旦定义了一个共用体变量，即可引用该变量或该变量中的任意成员
    (B) 一个共用体变量中可以同时存放其所有成员
    (C) 一个共用体变量中不能同时存放其所有成员
    (D) 共用体类型数据可以出现在结构体类型定义中，但结构体类型数据不能出现在共用体类型定义中

15. 阅读程序，选择正确的输出结果_____。
    ```c
    #include<stdio.h>
    int main(void)
    {
        union
        {
            char c;
            int i;
        }t;
        t.c='A';
        t.i=1;
        printf("%d,%d",t.c,t.i);
        return(0);
    }
    ```
    (A) 65, 1　　　(B) 65, 65　　　(C) 1, 1　　　(D) 以上都不对

16. 阅读程序，选择正确的输出结果_____。
    ```c
    #include<stdio.h>
    int main(void)
    {
        union
        {
            short int i[2];
    ```

```
            long k;
            char c[4];
        } t, * s = &t;
        s->i[0] = 0x39;
        s->i[1] = 0x38;
        printf("%x\n", s->k);
        return(0);
    }
```

  (A) 390038　　　　(B) 380039　　　　(C) 3938　　　　(D) 3839

17. 阅读程序，选择正确的输出结果_____。

```
    #include<stdio.h>
    int main(void)
    {
        union
        {
            int i[2];
            long k;
            char c[4];
        } t, * s = &t;
        s->i[0] = 0x39;
        s->i[1] = 0x38;
        printf("%c\n", s->c[0]);
        return(0);
    }
```

  (A) 39　　　　(B) 9　　　　(C) 38　　　　(D) 8

18. 下面对枚举类型名的正确定义是_____。

  (A) enum a = {ONE, TWO, THREE};
  (B) enum a {ONE = 9, TWO = -1, THREE};
  (C) enum a = {"ONE", "TWO", "THREE"};
  (D) enum a {"ONE", "TWO", "THREE"};

19. 以下程序的输出结果是_____。

```
    #include<stdio.h>
    union UN
    {
        long a[2];
        int b[4];
        char c[8];
    } u;
    int main(void)
    {
```

```
        printf("%d\n",sizeof(u));
        return(0);
}
```
  (A)32   (B)16   (C)8   (D)24

20. 有以下定义：
```
struct student
{
    int num;
    float score;
}stu;
```
则下面叙述不正确的是_____。
  (A)struct 是结构体类型的保留字
  (B)struct student 是用户定义的结构体类型
  (C)stu 是用户定义的结构体类型名
  (D)num 和 score 是结构体成员名

21. 已知有如下定义：
```
struct student
{
    int num;
    char name[10];
    char sex;
    struct
    {
        int year,month,day;
    }birthday;
}s;
```
如果 s 中 birthday 的值为"1988.1.1"，则下列的正确赋值方式是_____。
  (A)
    year=1984;
    month=1;
    day=1;
  (B)
    birthday.year=1984;
    birthday.month=1;
    birthday.day=1;
  (C)
    s.year=1984;
    s.month=1;
    s.day=1;
  (D)
    s.birthday.year=1988;
    s.birthday.month=1;
    s.birthday.day=1;

22. 有以下定义和语句：
```
struct student
{
    char name[20];
```

```
    int age;
} stu, * s;
s = &stu;
```

则对 stu 中 age 域的正确引用方式是_____。

  (A) s.stu.age   (B) s->stu.age

  (C) (*s).stu.age   (D) (*s).age

23. 下面对结构体变量的引用说法正确的是_____。

  (A) 可以将一个结构体变量作为一个整体进行输入

  (B) 可以将一个结构体变量作为一个整体进行输出

  (C) 可以引用结构体变量成员的地址

  (D) 不能引用结构体变量的地址

24. 下面关于共用体类型数据的说法正确的是_____。

  (A) 共用体变量的地址和它的各个成员的地址是同一地址

  (B) 共用体变量不能初始化

  (C) 结构体类型定义中不能出现共用体

  (D) 共用体类型定义中不能出现结构体

25. 设有以下定义：

```
union data
{
    int i;
    char c;
    float f;
} u;
```

则下面引用方式正确的是_____。

  (A) printf("%d", u.i);   (B) printf("%d", u);

  (C) printf("%c", data.u.c);   (D) printf("%c", u);

26. 下面关于说明一个共用体类型变量时系统分配给它的内存的说法正确的是_____。

  (A) 各成员所需内存量的总和

  (B) 共用体中第一个成员所需内存量

  (C) 共用体中占内存量最大者所需内存量

  (D) 共用体中最后一个成员所需内存量

27. 设有以下定义和语句：

```
union data
{
    int i;
    char c;
    float f;
} u;
int num;
```

则下面语句正确的是_____。
   （A）u = 1;　　　　　　　　　　（B）u.f = 3.5;
   （C）printf("%d", u);　　　　　　（D）num = u;

28. 下面对结构体类型的错误叙述是_____。
   （A）结构体变量可以在说明结构体类型后定义，也可在说明结构体时定义
   （B）结构体可由若干个成员组成，各成员的数据类型可以不同
   （C）定义一个结构体类型后，编译程序要为结构体的各成员分配存储空间
   （D）结构体变量的各成员可通过结构体变量名和指向结构体变量的指针引用

29. 设有以下定义：
```
struct
{
    float a;
    union
    {
        char b[5];
        float c;
        int d;
    }e;
    char f[4];
}s;
```
则 sizeof(s) 的值是_____。
   （A）21　　　（B）16　　　（C）13　　　（D）8

30. 设有以下定义：
```
struct
{
    double a;
    union
    {
        char b[5];
        double c;
        int d;
    }e;
    char f[4];
}s;
```
则 sizeof(s) 的值是_____。
   （A）24　　　（B）20　　　（C）17　　　（D）12

二、填空题

1. 设有以下定义：
```
struct student
{
```

```
        int a;
        float b;
    }stu;
```
则结构体类型的保留字是_____,用户定义的结构体类型名是_____,用户定义的结构体变量是_____。

2. 在程序的横线上填入适当的内容使程序能输出结构体变量 stu 所占内存字节数。
```
#include<stdio.h>
int main(void)
{
    struct student
    {
        double num;
        char name[20];
    }stu;
    printf("变量stu所占字节数为:%d\n", );
    return(0);
}
```

3. 已知有如下定义:
```
struct student
{
    int num;
    char name[10];
    char sex;
    int age;
    float score;
    char address[50];
}stu;
```
则系统为 stu 分配的内存单元为_____。

4. 下面程序的输出结果是_____。
```
#include<stdio.h>
int main(void)
{
    struct stu
    {
        int x,*y;
    }*p;
    int d[4]={10,20,30,40};
    struct stu a[4]={50,&d[0],60,&d[1],70,&d[2],80,&d[3]};
    p=a;
    printf("%d,",++p->x);
```

```
        printf("%d,",(++p)->x);
        printf("%d\n",++(*p->y));
        return(0);
    }
```

5. 完成下面程序使其能输出三个学生中年龄最大者的姓名和年龄。
```
    #include<stdio.h>
    int main(void)
    {
        struct student
        {
            char name[10];
            int age;
        }stu[ ]={"tom",16,"john",17,"ted",18};
        struct student *p,*q;
        int old=0,i;
        p=stu;
        for(i=0;i<3;i++,p++)
        if(old< p->age)
        {
            q=p;
            　　　　；
        }
        printf("%s,%d",　　　);
        return(0);
    }
```

6. 以下程序段定义一个结构体，使有两个域 data 和 next，其中 data 存放整形数据，next 为指向下一个结点的指针。
```
    struct object
    {
        int data;
        　　　　；
    }node;
```

7. 完成以下程序段，使其能统计出链表中结点个数（存入 c 中）。链表不带头结点，其中 first 为指向第一个结点的指针。
```
    struct link
    {
        int data;
        struct link *next;
    };
    ……
```

```
struct link * p, * first;
int c = 0;
p = first;
while( )
{
    ;
    p = ;
}
```
......

8. 设一链表的结点定义如下:
```
struct link
{
    int data;
    struct link * next;
};
```
则在 p 结点后插入 s 结点的操作是_____; _____;
删除 p 后的一个结点的操作是_____;

9. 设一链表的结点定义如下，链表为双向链表，其中 next 指向后继，prior 指向前驱。
```
struct link
{
    int data;
    struct link * next, * prior;
};
```
则删除 p 结点的操作是_____; _____;
在 p 前插入一个结点 s 的操作是_____; _____;
_____; _____;

10. 一个单向链表，head 指向头结点，每个结点包含数据域 data 和指针域 next。完成以下函数，求出所有结点数据域的和，并作为函数值返回。
```
struct link
{
    int data;
    struct link * next;
};
struct link * head;
int sum( )
{
    struct link * p;
    int s = 0;
    p = head->next;
    while( p )
```

```
            {
                s += ;
                p = ;
            }
            return(s);
        }
```

11. 一个单向链表，head 指向头结点，每个结点包含数据域 data 和指针域 next。完成以下函数，求出所有结点数据域的值最大的结点，由指针变量 s 传回调用程序。

```
    struct link
    {
        int data;
        struct link * next;
    };
    void max(struct link * head, )
    {
        struct link * p;
        p = head->next;
        * s = p;
        while(p != NULL)
        {
            p = ;
            if((*p).data > )
                * s = p;
        }
    }
    int main(void)
    {
        struct link * head, * q;
        ......
        max(head, &q);
        ......
        return(0);
    }
```

12. 以下程序的运行结果是_____。
```
    #include<stdio.h>
    int main(void)
    {
        struct st
        {
            union
```

```
            int x;
            int y;
        }in;
        int a;
        int b;
    }e;
    e.a=1;
    e.b=2;
    e.in.x=e.a*e.b;
    e.in.y=e.a+e.b;
    printf("%d,%d",e.in.x,e.in.y);
    return(0);
}
```

13. 一个单向链表，head 指向头结点，每个结点包含数据域 data 和指针域 next。链表按数据域递增有序排列，完成以下函数，使删除链表中数据域值相同的结点。

```
struct node
{
    int data;
    struct node * next;
};
void deletep(struct node * head)
{
    struct node * p, * q;
    q=head->next;
    if(q==NULL)   return;
    p=q->next;
    while(p!=NULL)
        if(p->data==q->data)
        {
                  ;
            free(p);
            p=q->next;
        }
        else
        {
            q=q ->next;
                  ;
        }
}
```

14. 在 C 编译系统中,将枚举元素作为_____来处理。
15. 以下程序的运行结果是_____。
```
#include<stdio.h>
int main(void)
{
    union un
    {
        int a;
        int b;
    } s[4],*p;
    int n=1,i;
    for(i=0;i<4;i++)
    {
        s[i].a=n;
        s[i].b=s[i].a+1;
        n=n+2;
    }
    p=&s[0];
    printf("%d,",p->a);
    printf("%d",++p->a);
    return(0);
}
```
16. 在以下程序段中填入能够正确输出的变量及相应格式。
```
union
{
    int a;
    double x;
}num;
num.a=10;
num.x=10.5;
printf("",);
```
17. 设已经定义了以下结构体:
```
struct num
{
    int a;
    int b;
    float f;
}n={1,3,5.0};
struct num *p=&n;
```
则表达式 p->b/ n.a * ++p->b 的值是_____;表达式(*p).a + p->f 的值

是_____。

18. 以下程序的运行结果是_____。

```
#include<stdio.h>
int main(void)
{
    struct s
    {
        int x;
        int y;
    } d[2]={10,100,20,200},*p=d;
    printf("%d\n",++(p->x));
    return(0);
}
```

19. 以下程序的运行结果是_____。

```
#include<stdio.h>
struct student
{
    int number;
    char name[20];
    int age;
};
int main(void)
{
    struct student s[3]={{201401,"Tom",19},{201421,"Owen",20},{201441,"Turkey",19}};
    printf("%s\n",(*(s+1)).name);
    return(0);
}
```

20. 设有以下定义：

enum list {red=5,blue=3,white=1} color1;

则枚举类型的保留字是_____，用户定义的枚举类型名是_____，用户定义的枚举变量是_____。

三、判断题

1. 结构体变量中各成员共用一段内存。（   ）
2. 结构体变量中各成员名不能与程序中的其他变量同名。（   ）
3. 可以把结构体类型变量作为整体进行输入、输出。（   ）
4. 链表是动态地进行存储分配的一种结构。（   ）
5. 链表在内存中可以是不连续存放的。（   ）
6. 链表中各结点的联系是通过指针来实现的。（   ）
7. 共用体变量必须在不同时间内维持相同类型的成员值。（   ）

8. 共用体变量在定义时进行的初始化，可以根据任意一个成员的类型来进行。（　　）
9. 在 C 编译系统中，枚举元素不能被赋值。（　　）
10. 枚举型变量只能取枚举类型定义中的某个枚举值，不能是其他值。（　　）

四、阅读程序题

1. 读程序，写出程序运行结果。

```
#include<stdio.h>
int main(void)
{
    struct student
    {
        int id;
        char name[16],sex;
        float score[3];
    } s={101};
    printf("The size of struct student is %d.\n",sizeof(struct student));
    printf("The size of s is %d.\n",sizeof(s));
    return(0);
}
```

2. 读程序，写出程序运行结果。

```
#include<stdio.h>
int main(void)
{
    struct student
    {
        int id;
        char name[10];
        float score[3];
    } s={102};
    printf("The size of struct student is %d.\n",sizeof(struct student));
    printf("The size of s is %d.\n",sizeof(s));
    return(0);
}
```

3. 读程序，写出程序运行结果。

```
#include<stdio.h>
int main(void)
{
    union
    {
        long ll;
        char cc;
```

```
            double dd;
        } kk;
        printf("The size of kk is %d.\n",sizeof(kk));
        return(0);
    }
```

4. 读程序，写出程序运行结果。
```
    #include<stdio.h>
    int main(void)
    {
        union
        {
            short ss;
            char cc;
            int ii;
        } kk;
        printf("The size of kk is %d.\n",sizeof(kk));
        return(0);
    }
```

5. 读程序，写出程序运行结果。
```
    #include<stdio.h>
    int main(void)
    {
        union
        {
            int i;
            char c;
        } x={66};
        printf("%d,%d\n",x.c,x.i);
        return(0);
    }
```

6. 读程序，写出程序运行结果。
```
    #include<stdio.h>
    int main(void)
    {
        union
        {
            char c;
            int k;
        } t;
```

```
        t.c = 'A';
        t.k = 259;
        printf("%d,%d\n", t.c, t.k);
        return(0);
    }
```

7. 读程序，写出程序运行结果。
```
    #include<stdio.h>
    int main(void)
    {
        struct
        {
            union
            {
                int x, y;
            }un;
            int a, b;
        }k;
        k.a = 5;
        k.b = -5;
        k.un.x = k.a;
        k.un.y = k.b;
        printf("%d\n", k.un.x * k.un.y);
        return(0);
    }
```

8. 读程序，写出程序运行结果。
```
    #include<stdio.h>
    int main(void)
    {
        struct student
        {
            char name[20];
            int age;
        }stu = {"Andy", 20}, *s = &stu;
        printf("%s,%d\n", s->name, ++(*s).age);
        return(0);
    }
```

9. 读程序，写出程序运行结果。
```
    #include<stdio.h>
    int main(void)
    {
```

```c
    union
    {
        int k1;
        int k2;
    }x[3],*p;
    int i;
    for(i=0;i<3;i++)
    {
        x[i].k1=i;
        x[i].k2=i+1;
    }
    p=x+1;
    printf("%d,",p->k1);
    printf("%d,",p->k2);
    printf("%d,",++p->k1);
    printf("%d\n",p->k2);
    return(0);
}
```

10. 读程序，写出程序运行结果。

```c
#include<stdio.h>
int main(void)
{
    enum weekdays {Sun,Mon,Tue,Wed,Thu,Fri,Sat};
    enum weekdays workday=Mon,holiday=Sat;
    printf("%d,%d\n",workday,holiday);
    return(0);
}
```

五、编程题

1. 编程实现输入一个学生的数学和英语成绩，然后计算平均成绩并输出（利用结构体类型）。

2. 定义一个包含年、月、日的结构体变量，任意输入一天，计算该日是本年的第几天。

3. 输入若干名学生的学号、姓名和四门功课的成绩，要求：

计算出每个学生的平均成绩以及各分数段的人数（以平均成绩为准，分数段分为：90~100，80~89，70~79，60~69 和<60），并输出。

计算出各门功课的平均成绩及总平均成绩，并输出。

统计平均成绩高于总的平均成绩的学生人数，输出他们的学号、姓名、各科成绩及人数。

根据学生平均成绩排序。

4. 编写一个函数实现：建立一个带头结点的链表，通过键盘输入结点中的数据，当输入为-1时，表示输入结束。

5. head 指向一个带头结点的单向链表，链表中每个结点含数据域 data（字符型）和指针域 next。请编写一个函数实现在值为 a 的结点前插入值为 key 的结点，若没有则插在表尾。

第 11 章 文 件

实验 1 顺序存取文件

【实验目的】

(1) 掌握文件和文件指针的概念。

(2) 掌握文件的打开和关闭方法。

(3) 掌握文件读写函数的用法。

【要点提示】

(1) 用 C 语言编写文件操作程序的步骤如下：

① 定义文件指针；

② 打开文件：文件指针指向磁盘文件缓冲区；

③ 文件处理：文件读写操作；

④ 关闭文件。

(2) C 语言通过调用库函数 fopen 打开文件，调用库函数 fclose 关闭文件。使用 fopen 函数打开文件时需要设置文件的使用方式，即文件的类型和读写操作方式，说明如下：

① 文件类型分为：文本文件和二进制文件；

② 文件使用方式由 r、w、a、t、b、+，共 6 个字符组合而成，各字符的含义如下：

r(read)：读。

w(write)：写。

a(append)：追加。

t(text)：文本文件，可省略不写。

b(binary)：二进制文件。

+：读和写。

(3) C 语言主要使用表 11-1 中的库函数实现对文件的读写操作：

表 11-1　　　　　　　　　C 语言常用文件读写操作库函数

函数调用一般形式	功　　能
fputc(字符量，文件指针) fgetc(文件指针)	字符读写
fputs(字符串，文件指针) fgets(字符数组名，n，文件指针)	字符串读写

续表

函数调用一般形式	功　　能
fprintf(文件指针,"格式控制字符串"，输出表列) fscanf(文件指针,"格式控制字符串"，地址表列)	格式化读写
fwrite(内存地址，数据项字节数，数据项个数，文件指针) fread(内存地址，数据项字节数，数据项个数，文件指针)	数据块读写
feof(文件指针);	判断文件是否结束

【实验内容】

1. 程序填空：从键盘输入一个字符串，将其中的小写字母全部转换成大写字母，并写入文件 test.txt，然后再从 test.txt 中读取该字符串，并显示在屏幕上。

【算法设计提示】

解决该问题的步骤如下：

① 首先调用 gets 函数从键盘输入一个字符串。

② 调用 fopen 函数以写方式创建一个文本文件 test.txt。然后通过循环依次读取字符串中的字符，若为小写字母则将其转换为大写，然后调用 fputc 函数将此字符写入到 test.txt 文件中，最后调用 fclose 函数关闭文件。

③ 再次调用 fopen 函数以读方式打开 test.txt，通过循环调用 fgetc 函数和 putchar 函数，从文件中一个字符一个字符地读出字符串内容，并显示到屏幕上，最后调用 fclose 函数关闭文件。特别提示，可通过 feof 函数来判断是否读到文件末尾。

（1）请根据题意和算法设计，在下面程序的下画线处填空以完成程序：

```
#include<stdio.h>
#include<stdlib.h>

int main(void)
{
    int i=0;
    char str[101];
    FILE * fp;

    printf("请输入一个字符串(长度不超过100):");
    gets(str);

    _____      /*以写方式创建文本文件 test.txt*/
    {
        printf("文件打开失败！\n");
        exit(1);
    }
```

```
        while(str[i]! = '\0')     /*若字符串未结束*/
        {
           if(str[i]>='a'&&str[i]<='z') str[i]=str[i]-32;   /*小写转换为大写*/
           fputc(str[i],fp);      /*从数组中读一个字符,并写入到文件中*/

           i++;
        }

        fclose(fp);       /*关闭文件*/

        fp=fopen("test.txt","r");/*以读方式打开文本文件test.txt*/

        _____       /*若文件未结束*/
           putchar(fgetc(fp));/*从文件中读一个字符,并输出到屏幕上*/

        fclose(fp);       /*关闭文件*/

        return 0;
}
```

（2）编辑程序，生成解决方案，运行程序，查看程序运行结果。如运行时输入一个字符串（长度不超过100）：AbCdEfG，输出为：ABCDEFG.，并产生文件 test.txt。

（3）另外，也可使用 fputs 和 fgets 函数实现本程序功能，请读者自行尝试编写程序代码。

2. 程序填空：有 N 个学生，每个学生有 3 门课程的成绩，从键盘输入以上数据（包括学号、姓名、3 门课程的成绩），计算出平均成绩，并将所有数据和计算出的平均分数存放在磁盘文件 students.txt 中，然后从 students.txt 中再次读取出所有数据，在屏幕上以表格形式显示。

【算法设计提示】

① 定义结构体 Student 用来存储原始数据以及计算出的平均成绩。

② 利用循环结构从键盘输入 N 名学生的学号、姓名和 3 门课程成绩，并计算出平均分。

③ 调用 fopen 函数创建 students.txt 文件，利用循环结构调用 fprintf 函数，将所有数据写入 students.txt 文件中。

④ 调用 rewind 函数，使文件位置指针重新返回文件的开头，然后利用循环结构调用 fscanf 函数从文件中读取数据，并显示在屏幕上。

（1）请根据题意和算法设计，在下面程序的下画线处填空以完成程序。

```
#include<stdio.h>
#include<stdlib.h>
#define   N   3     /*学生人数*/
```

```c
typedef struct _Student
{
    char num[6];          /*学号*/
    char name[11];        /*姓名*/
    int score[3];         /*3门课程的分数*/
    float average;        /*平均分*/
}Student;

int main(void)
{
    int i,j,sum;
    Student stu[N];
    FILE   *fp;

    for(i=0;i<N;i++)      /*从键盘输入原始数据*/
    {
        printf("\n 请输入第%d 名学生的信息:\n",i+1);

        printf("学号:");
        scanf("%s",stu[i].num);

        printf("姓名:");
        scanf("%s",stu[i].name);
        sum=0;

        for(j=0;j<3;j++)
        {
            printf("课程%d 分数:",j+1);
            scanf("%d",&stu[i].score[j]);

            sum +=stu[i].score[j];
        }

        stu[i].average=sum/3.0;
    }

    if((fp=fopen("students.txt","w"))==NULL)    /*以写方式创建文本文件*/
    {
        printf("文件打开失败!");
        exit(1);
    }
```

```
        for(i=0;i<N;i++)              /*逐条向文件中写入学生信息*/
            printf(_____);/*向文件中写入一条学生信息*/
        fclose(fp);    /*关闭文件*/
        if((fp=fopen("students.txt","r"))==NULL)/*再次以读方式打开文本文件*/
        {
            printf("文件打开失败!");
            exit(1);
        }
        for(i=0;i<N;i++)              /*逐条从文件中读取学生信息,并输出到屏幕*/
        {
            fscanf(fp,"%s%s%d%d%d%f",stu[i].num,stu[i].name,&stu[i].score[0],&stu[i].score[1],&stu[i].score[2],&stu[i].average);
            printf("%s\t%s\t%5d%5d%5d%6.1f\n",stu[i].num,stu[i].name,stu[i].score[0],stu[i].score[1],stu[i].score[2],stu[i].average);
        }
        fclose(fp);/*关闭文件*/
        return 0;
    }
```

（2）编辑程序，生成解决方案，运行程序，查看程序运行结果。输入 3 名学生的学号、姓名及 3 门功课的成绩，查看输出结果，并查看 students.txt 文件。

3. 用 Windows 记事本创建一个文本文件 myfile.txt。编程，将其内容显示在屏幕上，每一行的前面显示行号。

【算法设计提示】

程序首先从文件读取某一行内容到字符数组 str 中，若该行内容不为空，则输出相应的行号和内容，否则，不输出。算法描述见表 11-2。

表 11-2　　　　　　　　　　　　　算 法 描 述

---

1. 定义：文件指针 fp 用于文件操作，字符数组 str 用于存放文件中的某行字符，整型变量 i 表示行号；
2. 以只读方式打开文本文件 myfile.txt；
3. 依次从文件中读出每行字符，当该行字符不为空时，输出该行行号和字符内容；
4. 关闭文件。

要求，根据算法设计和算法描述，用 fgets 函数编写程序，运行程序，验证程序的正确性，并改正程序直到运行得出正确的结果。

实验 2　随机存取文件

【实验目的】

(1) 掌握文件位置指针的定位方法。
(2) 掌握文件随机读写的方法。

【要点提示】

(1) 顺序存取和随机存取的概念

① 顺序读写：只能从文件开头依次一个字节一个字节地读写文件内容，11.1 节所有实验均采用此种方式；

② 随机读写：可以从文件的某个指定位置开始读写文件内容。

(2) 要实现随机存取文件，必须要能控制文件位置指针的值，即"文件的定位"，C 语言主要使用表 11-3 中的库函数实现对文件的定位。

表 11-3　　　　　　　　　　C 语言常用文件定位操作库函数

函数调用一般形式	功　能
fseek(文件指针，位移量，起始点)	设置文件位置指针的值
ftell(文件指针)	获取文件位置指针当前的值
rewind(文件指针)	将文件位置指针重置到文件开头

【实验内容】

1. 程序填空：有 N 个学生，每个学生有 3 门课程的成绩，从键盘输入以上数据(包括学号、姓名、3 门课程的成绩)，计算出平均成绩，并将所有数据和计算出的平均分数存放在磁盘文件 students.bin 中。然后要求用户从键盘输入一个学生的序号(按输入的顺序)，从 students.bin 中读取该名学生的信息，并在屏幕上显示输出。

【算法设计提示】

本实验题目与实验 1 中的第 3 个实验类似，本实验使用 fread 和 fwrite 函数以随机存取的方式来实现程序的功能。

① 定义结构体 Student 用来存储原始数据以及计算出的平均成绩。

② 利用循环结构从键盘输入 N 名学生的学号、姓名和 3 门课程成绩，并计算出平均分。

③ 调用 fopen 函数创建 students.bin 文件，利用循环结构调用 fwrite 函数，将所有数据写入 students.bin 文件中。

④ 从键盘输入一个学生的序号，调用 fseek 函数，将文件位置指针设置到合适位置，然后调用 fread 函数从文件中读取相应学生的数据记录保存到变量中，调用 printf 函数将数据显示在屏幕上。

(1) 请根据题意和算法设计，在下面程序的下画线处填空以完成程序。

```
#include<stdio.h>
#include<stdlib.h>
#define  N  3  /*学生人数*/

typedef struct _Student
{
```

```c
    char num[6];      /*学号*/
    char name[11];    /*姓名*/
    int score[3];     /*3门课程的分数*/
    float average;    /*平均分*/
}Student;

int main(void)
{
    int i,j,sum;
    Student stu[N],stu1;
    FILE   *fp;
    int seq_num;

    for(i=0;i<N;i++)    /*从键盘输入原始数据*/
    {
        printf("\n请输入第%d名学生的信息:\n",i+1);

        printf("学号:");
        scanf("%s",stu[i].num);

        printf("姓名:");
        scanf("%s",stu[i].name);
        sum=0;
        for(j=0;j<3;j++)
        {
            printf("课程%d分数:",j+1);
            scanf("%d",&stu[i].score[j]);

            sum+=stu[i].score[j];
        }

        stu[i].average=sum/3.0;
    }

    if((fp=fopen("students.bin","wb+"))==NULL)/*以读写方式创建二进制文件*/
    {
        printf("文件打开失败!");
        exit(1);
    }
```

```
        for(i=0;i<N;i++)   /*逐条向文件中写入学生信息*/
            fwrite(_____);

        printf("请输入一个学生的序号(1-%d):",N);
        scanf("%d",&seq_num);

        /*将文件位置指针调整到相应学生记录的开头*/
        fseek(fp,sizeof(Student)*(seq_num-1),SEEK_SET);
        fread(_____);/*读取一条学生记录保存到stu1中*/

        printf("%s\t%s\t%5d%5d%5d%6.1f\n",stu1.num,stu1.name,stu1.score[0],
            stu1.score[1],stu1.score[2],stu1.average);

        fclose(fp);/*关闭文件*/

        return 0;
    }
```

(2)编辑程序，生成解决方案；运行程序，输入 N 名学生的学号、姓名及 3 门功课的成绩，输入学生序号，查看程序运行结果。

(3)注意 fwrite 函数、fseek 函数和 fread 函数的使用。

2. 程序填空：反转显示指定文本文件中的内容。

【算法设计提示】

① 首先由键盘输入文件名，然后以只读二进制的模式打开文件。

② 调用 fseek 函数将文件位置指针移动到文件末尾。

③ 利用循环调用 fseek 函数，从后往前一个字节一个字节地移动文件位置指针，同时调用 fgetc 函数从文件中读取一个字符，并显示到屏幕上。

注意：显示文本文件时需要特别处理文本文件的换行符和文件结束标志。在 Windows 文本文件中一个换行符由 \r\n 表示，所以输出时要忽略 \r，只保留 \n；而 ASCII 码为 26 的字符（即'\032'）表示文本文件结束，不能输出。

(1)根据题意和算法设计，在下面程序的下画线处填空以完成程序。

```c
#include<stdio.h>
#include<stdlib.h>

int main(void)
{
    char filename[50];
    char ch;
```

```
FILE * fp;
int count,last;

puts("请输入文件名：");
gets(filename);

if((fp=fopen(filename,"rb"))==NULL)/*以只读二进制模式打开文件*/
{
    printf("文件%s 打开失败！\n",filename);
    exit(1);
}

fseek(fp,0,SEEK_SET);/*定位在文件开头处*/
last=ftell(fp);    /*获取文件当前读写位置*/

printf("fseek(fp,0,SEEK_SET) ,ftell(fp)：%d\n",last);

_____/*定位在文件结尾处*/
last=ftell(fp);    /*获取文件当前读写位置*/

printf("fseek(fp,0,SEEK_END) ,ftell(fp)：%d\n",last);

for(count=1;count<=last;count++)
{
    fseek(_____);  /*从后往前移动文件位置指针*/

    ch=fgetc(fp);

    /*处理文本文件换行符和文件结束标志
    (1)ASCII 码 26 的字符(即'\032')表示文本文件结束,不能输出
    (2)Windows 文本文件中换行由\r\n 表示,所以输出时要忽略\r,只保留\n */
    if(ch! ='\032'&& ch! ='\r')
        putchar(ch);
}

putchar('\n');

fclose(fp);
```

```
    return 0;
}
```

（2）编辑程序，生成解决方案；运行程序，查看程序运行结果。如有文件 old.txt，其中的内容为"C Language"。运行程序时，在提示信息"请输入文件名："后输入 old.txt，则输出信息为：

fseek(fp, 0, SEEK_SET), ftell(fp): 0
fseek(fp, 0, SEEK_END), ftell(fp): 10
egaugnaL C

（3）注意 fseek 和 ftell 函数的用法。

常 见 错 误

1. 用"r"或"r+"方式打开一个文件时，该文件不存在。
2. 用函数 fopen 打开文件时，被打开文件的路径不对或路径及文件名的写法错误。如：将"c:\\data.bin"写成"data.bin"或"c:\data.bin"。
3. 将"文件指针"和文件内部的"位置指针"混为一谈。
4. 对二进制文件进行读操作时，用文件结束标志 EOF 判断文件是否结束。
5. 用 fscanf 函数从指定的文件读取数据到变量中时，忽视了格式控制字符串规定的格式。

习题 11

一、单项选择题

1. 关于文件理解不正确的为_____。
   (A) C 语言把文件看作是字节的序列，即由一个个字节的数据顺序组成<=
   (B) C 语言中的文件是指存储在外部介质上数据的集合，即磁盘文件
   (C) 系统自动地在内存区为每一个正在使用的文件开辟一个缓冲区
   (D) 每个打开的文件都和一个文件结构体变量相关联，程序通过该变量访问文件
2. 在进行文件操作时，写文件的一般含义是_____。
   (A) 将计算机内存中的信息存入磁盘
   (B) 将磁盘中的信息存入计算机内存
   (C) 将计算机 CPU 中的信息存入磁盘
   (D) 将磁盘中的信息存入计算机 CPU
3. 系统的标准输出文件是指_____。
   (A) 键盘　　　　(B) 显示器　　　　(C) 软盘　　　　(D) 硬盘
4. 关于二进制文件和文本文件描述正确的为_____。
   (A) 文本文件中每个字节以 ASCII 码形式存在，因此它只能存放字符或字符串数据
   (B) 二进制文件把数据按其在内存中的存储形式原样输出到磁盘上存放
   (C) 二进制文件可以节省外存空间和转换时间，不能存放字形式的数据

(D) 一般中间结果数据需暂时保存于外存,以后又需输入内存的,常用文本文件保存

5. 存储整型数据-100时,在二进制文件和文本文件中占用的字节数分别为_____。
   (A) 1,1   (B) 1,4   (C) 4,4   (D) 4,1

6. 要打开一个已存在的非空文件"file"用于修改,正确的语句是_____。
   (A) fp=fopen("file","r");   (B) fp=fopen("file","a+");
   (C) fp=fopen("file","w");   (D) fp=fopen("file","r+");

7. 以下可作为函数 fopen 中第一个参数的正确格式是_____。
   (A) "c:usr\abc.txt"   (B) "c:\\usr\abc.txt"
   (C) "c:\usr\\abc.txt"   (D) "c:\\usr\\abc.txt"

8. 若执行 fopen 函数时发生错误,则函数的返回值是_____。
   (A) 地址值   (B) 0   (C) 1   (D) EOF

9. 在下列语句中,将 c 定义为文件型指针的是_____。
   (A) FILE c;   (B) FILE * c;   (C) file c;   (D) file * c;

10. 若要用 fopen 函数打开一个新的二进制文件,该文件要既能读也能写,则文件打开方式字符串应是_____。
    (A) "ab+"   (B) "wb+"   (C) "rb+"   (D) "ab"

11. 若以"a+"方式打开一个已存在的文件,则以下叙述正确的是_____。
    (A) 文件打开时,原有文件内容不被删除,位置指针移到文件尾,可作添加和读操作
    (B) 文件打开时,原有文件内容不被删除,位置指针移到文件头,可作重写和读操作
    (C) 文件打开时,原有文件内容被删除,只可作写操作
    (D) 以上各说法皆不正确

12. 若 fp 是指向某文件的指针,且已读到文件末尾,则函数 feof(fp)的返回值是_____。
    (A) EOF   (B) -1   (C) 1   (D) NULL

13. 当顺利执行了文件关闭操作时,fclose 函数的返回值是_____。
    (A) -1   (B) TURE   (C) 0   (D) 1

14. fgetc 函数的作用是从指定文件读入一个字符,该文件的打开方式必须是_____。
    (A) 只写   (B) 追加
    (C) 读或读写   (D) 答案 B 和 C 正确

15. 若调用 fputc 函数成功输出字符,则其返回值是_____。
    (A) EOF   (B) 1   (C) 0   (D) 输出的字符

16. 标准库函数 fgets(s,n,f)的功能是_____。
    (A) 从文件 f 中读取长度为 n 的字符串存入指针 s 所指的内存
    (B) 从文件 f 中读取 n-1 个字符串存入指针 s 所指的内存
    (C) 从文件 f 中读取 n 个字符串存入指针 s 所指的内存
    (D) 从文件 f 中读取长度为 n-1 的字符串存入指针 s 所指的内存

17. 标准库函数 fputs(p1, p2)的功能是_____。

（A）从 p1 指向的文件中读一个字符串存入 p2 指向的内存
（B）从 p2 指向的文件中读一个字符串存入 p1 指向的内存
（C）从 p1 指向的内存中读一个字符串写到 p2 指向的文件中
（D）从 p2 指向的内存中读一个字符串写到 p1 指向的文件中

18. fscanf 函数的正确调用形式是_____。
（A）fscanf(文件指针，格式字符串，输出表列)
（B）fscanf(格式字符串，输入表列，文件指针)
（C）fscanf(格式字符串，文件指针，输入表列)
（D）fscanf(文件指针，格式字符串，输入表列)

19. 下列程序向文件输出的结果是_____。
```
#include<stdio.h>
#include<stdlib.h>
int main(void)
{
    FILE * fp;
    if((fp=fopen("f","wb"))==NULL)
    {
        printf("文件打开错误！\n");
        exit(1);
    }
    fprintf(fp,"%c%.2f%d,%d",'A',413.926,15,68);
    fclose(fp);
    return 0;
}
```
（A）A413.93，15，68　　　　　（B）A413.92615，68
（C）A413.9315，68　　　　　　（D）因用二进制写方式 wb 而不可读

20. 设有以下结构体数组：
```
struct st
{
    char name[8];
    int num;
    float s[4];
}student[50];
```
并且结构体数组 student 中的元素都已有值，若要将这些元素写到磁盘文件中，以下不正确的形式是_____。
（A）fwrite(student, sizeof(struct st), 50, fp);
（B）fwrite(student, 50*sizeof(struct st), 1, fp);
（C）fwrite(student, 50*sizeof(struct st), 50, fp);
（D）for(i=0; i<50; i++)
　　　　fwrite(student+i, sizeof(struct st), 1, fp)

21. fread(buf,64,2,fp)的功能是_____。
    (A)从 fp 指向的文件中,读出整数 64 和 2,并存放在 buf 中
    (B)从 fp 指向的文件中,读出 64 个 2 字节的数据,并存放在 buf 中
    (C)从 fp 指向的文件中,读出 64 个字节的数据,并存放在 buf 中
    (D)从 fp 指向的文件中,读出 2 个 64 字节的数据,并存放在 buf 中
22. 函数调用语句:fseek(fp,-20L,2)的含义是_____。
    (A)将文件位置指针移到距离文件头 20 个字节处
    (B)将文件位置指针从当前位置向后移动 20 个字节
    (C)将文件位置指针从文件末尾处向后退 20 个字节
    (D)将文件位置指针移到离当前位置 20 个字节处
23. 以下与函数 fseek(fp,0L,SEEK_SET)有相同作用的是_____。
    (A)rewind(fp);   (B)feof(fp);   (C)ftell(fp);   (D)fgetc(fp);
24. 检测 fp 所指文件的位置指针在文件头的条件是_____。
    (A)fp==0   (B)ftell(fp)==0
    (C)fseek(fp,0,0)   (D)feof(fp)
25. 若 fp 为文件指针,且文件已正确打开,下列语句输出的正确结果是_____。
    fseek(fp,0,SEEK_END);
    printf("%d",ftell(fp));
    (A)fp 所指文件的记录长度
    (B)fp 所指文件的长度,以字节为单位
    (C)fp 所指文件的当前位置,以字为单位
    (D)fp 所指文件的当前位置,以字节为单位
26. 假设文件 char.txt 已存在,且该文件中已存在字符串 I am a student,则以下程序的输出结果是_____。
    ```
    #include<stdio.h>
    #include<stdlib.h>
    int main(void)
    {
        FILE * fp;
        char ch;
        if((fp=fopen("char.txt","r"))==NULL)
        {
            printf("文件打开失败。\n");
            exit(1);
        }
        while((ch=fgetc(fp))!=EOF)
            if(ch=='s')   break;
        while((ch=fgetc(fp))!=EOF)
            printf("%c",ch);
        fclose(fp);
    ```

            return 0;
        }
        (A)tudent　　　　(B)student　　　　(C)s　　　　　　(D)I am a student
27. 以下程序的输出结果是_____。
    #include<stdio.h>
    #include<stdlib.h>
    int main(void)
    {
        FILE *fp;
        int i,k=0,n=0;
        char b[10];
        if((fp=fopen("f1.txt","w"))==NULL)
        {
            printf("文件打开失败。\n");
            exit(1);
        }
        for(i=0;i<4;i++)
            fprintf(fp,"%d",i);
        fclose(fp);
        if((fp=fopen("f1.txt","r"))==NULL)
        {
            printf("文件打开失败。\n");
            exit(1);
        }
        fscanf(fp,"%d%d",&k,&n);
        printf("%d   %d",k,n);
        fclose(fp);
        return 0;
    }
    (A)1 2　　　　(B)123 0　　　　(C)1 23　　　　(D)0 0
28. 以下程序的运行结果是_____。
    #include<stdio.h>
    #include<stdlib.h>

    int main(void)
    {
        FILE *fp;
        int i,n;
        if((fp=fopen("temp.txt","w+"))==NULL)
        {

```
        printf("文件打开失败。\n");
        exit(1);
    }
    for(i=1;i<=10;i++)
        fprintf(fp,"%3d",i);
    for(i=0;i<5;i++)
    {
        fseek(fp,i*6L,SEEK_SET);
        fscanf(fp,"%d",&n);
        printf("%3d",n);
    }
    fclose(fp);
    return 0;
}
```
　　(A)1　3　5　7　9　　　　　　(B)ftell(fp)= =0
　　(C)fseek(fp，0，0)　　　　　　(D)feof(fp)

29. 执行以下程序后，文本文件 f1.txt 的内容是_____。
```
#include<stdio.h>
#include<stdlib.h>
int main(void)
{
    FILE *fp;
    int i;
    char a[6]={'A','B','C','D','E','F'};
    if((fp=fopen("f1.txt","w"))= =NULL)
    {
        printf("文件打开失败。\n");
        exit(1);
    }
    for(i=0;i<6;i+=2)
        fwrite(a+i,sizeof(char),1,fp);
    fclose(fp);
    return 0;
}
```
　　(A)ABCDEF　　(B)ACE　　(C)BDF　　(D)ABC

30. 以下程序执行后，文件 abc.txt 的内容是_____。
```
#include<stdio.h>
#include<stdlib.h>
int main(void)
{
```

```
FILE * fp;
char * str1 = "first";
char * str2 = "second";
if( ( fp = fopen( "abc.txt" , "w+" ) ) == NULL)
{
        printf("文件打开失败。\n");
        exit(1);
}
fwrite( str2,6,1,fp);
fseek( fp,0L,SEEK_SET);
fwrite( str1,5,1,fp);
fclose( fp);
return 0;
}
```
（A）first　　　　（B）second　　　　（C）firstd　　　　（D）为空

二、填空题

1. 在 C 程序中，文件可以用_____方式存取，也可以用_____方式存取。

2. 在 C 程序中，根据数据的组织形式，把文件分为_____和_____两种。

3. "FILE * p" 的作用是定义了一个_____，其中 "FILE" 是在_____头文件中定义的，fp 是一个指向_____类型结构体的指针变量。

4. 在 C 语言的文件系统中，_____指针指向整个文件，_____指针指向文件内部的当前读/写位置。

5. 若 fp 已正确定义为一个文件指针，data.bin 为二进制文件，请填空，以便为"读"打开此文件：fp = fopen(_____)。

6. 假设字符数组 buf 已正确定义，则函数调用语句 fgets(buf, 10, fp) 的功能是：从 fp 指向的文件中读入_____个字符放到_____中，函数返回值为_____。

7. 假设数组 a 的说明为：int a[10]；且其元素都已正确赋值，则要将这些元素写到 fp 所指向的磁盘文件中请将语句 fwrite(_____)补充完整。

8. 设有以下结构体数组：
```
struct st
{
    char name[10];
    int xuehao;
    float score;
}stu [25];
```
若要将磁盘文件 fp 中的学生信息读入结构体数组 stu，请将以下 fread 语句补充完整：
fread(_____);

9. 将 fp 的文件位置指针移到当前文件位置前 32 字节处，采用的函数是_____。

10. 在对文件进行操作的过程中，若要求文件的位置回到文件的开头，应当用的函数是_____或_____。

11. 打开文件，对其操作完毕之后，应该_____，将缓冲区中的数据写入文件，以避免数据丢失。

12. 下面程序是把由键盘输入的字符(用！结束输入)，存放到文本文件 new.txt 中，请填入适当的内容。

```
#include<stdio.h>
#include<stdlib.h>
int main(void)
{
    FILE * fp;
    char ch;
    if((fp=fopen(_____))==NULL)   /*打开文件 new.txt*/
    {
        printf("文件打开失败\n");
        exit(1);
    }
    while((ch=getchar(  ))!='!')
    fputc(ch,fp);
    _____;/*关闭文件*/
    return 0;
}
```

13. 若文件 test.txt 原有的内容为：old，以下程序运行后文件 test.txt 的内容为_____。

```
#include<stdio.h>
#include<stdlib.h>
int main(void)
{
    FILE * fp;
    if((fp=fopen("test.txt","w"))==NULL)
    {
        printf("文件打开失败。\n");
        exit(1);
    }
    fprintf(fp,"abc");
    fclose(fp);
    return 0;
}
```

14. 下面程序的功能是将一个磁盘中的二进制文件(old.bin)复制到另一个磁盘文件(new.bin)中，请填入适当的内容。

```
#include<stdio.h>
int main(void)
```

```
    {
        FILE * old, * new;
        char ch;
        if( ( old=fopen( _____ ) ) = =NULL)   /* 打开文件 old.bin */
        {
            printf("文件打开失败\n");
            exit(1);
        }
        if( ( new=fopen( _____ ) ) = =NULL)   /* 打开文件 new.bin */
        {
            printf("文件打开失败\n");
            exit(1);
        }
        while( _____ )          /* 遇到文件的结束标志时结束循环 */
            fputc( ch = _____ , new );
        fclose( old );
        fclose( new );
        return 0;
    }
```

15. 下面的程序用来统计文本文件(每行不超过 80 个字符)中的字符行数,请填空。

```
    #include<stdio.h>
    #include<stdlib.h>
    int main(void)
    {
        FILE * fp;
        int num=0;   /* 字符行数 */
        char buf[80];
        if( ( fp=fopen("test.txt","r") ) = =NULL)
        {
            printf("文件打开失败。\n");
            exit(1);
        }
        while( ! feof(fp) )
        {
            fgets( _____ );   /* 从文件中读出一行字符 */
            num++;
        }
        printf("num=%d\n",num);
        fclose( fp );
        return 0;
```

16. 已有文本文件 test.txt，其中的内容为 Hello, everyone!。假设文件 test.txt 已正确为"读"而打开，由文件指针 fp 指向该文件，则程序的输出结果是_____。

```c
#include<stdio.h>
#include<stdlib.h>
int main(void)
{
    FILE * fp;
    char str[40];
    if((fp=fopen("test.txt","r"))==NULL)
    {
        printf("文件打开失败。\n");
        exit(1);
    }
    fgets(str,5,fp);
    printf("%s\n",str);
    fclose(fp);
    return 0;
}
```

17. 以下程序的输出结果是_____。

```c
#include<stdio.h>
#include<stdlib.h>
int main(void)
{
    FILE * fp;
    int s[10]={1,2,3,4,5},n,i;
    if((fp=fopen("test.txt","w"))==NULL)
    {
        printf("文件打开失败。\n");
        exit(1);
    }
    for(i=0;i<4;i++)
        fprintf(fp,"%d",s[i]);
    fprintf(fp,"\n");
    fclose(fp);
    if((fp=fopen("test.txt","r"))==NULL)
    {
        printf("文件打开失败。\n");
        exit(1);
    }
```

```
            fscanf(fp,"%d",&n);
            printf("%d\n",n);
            fclose(fp);
            return 0;
        }
```

18. 以下程序的输出结果是_____。
```
    #include<stdio.h>
    #include<stdlib.h>
    int main(void)
    {
        FILE *fp;
        int a[3]={12,34,56},n,i;
        if((fp=fopen("test.txt","w+"))==NULL)
        {
            printf("文件打开失败。\n");
            exit(1);
        }
        for(i=0;i<3;i++)
            fprintf(fp,"%d",a[i]);
        rewind(fp);
        fseek(fp,3,0);
        fscanf(fp,"%3d",&n);
        printf("%d\n",n);
        fclose(fp);
        return 0;
    }
```

19. 下面的程序段打开文件后,先利用 fseek 函数将文件位置指针定位在文件末尾,然后调用 ftell 函数返回当前文件位置指针的具体位置,从而确定文件长度,请在下画线处填空。
```
    #include<stdio.h>
    #include<stdlib.h>
    int main(void)
    {
        FILE *fp;
        if((fp=fopen("old.txt","r"))==NULL)
        {
            printf("文件打开失败。\n");
            exit(1);
        }
        fseek(_____);    /*将文件位置指针定位在文件末尾*/
```

```
        printf("%d\n",_____);    /*输出当前文件位置指针的具体位
置*/
        fclose(fp);
        return 0;
}
```

20. 设文件 stud_data.txt 中已有 N 个学生信息(包括姓名、学号、成绩),以下程序的功能是在该文件末尾追加一条同样格式的学生信息,请填入适当内容。

```
#include<stdio.h>
#include<stdlib.h>
#define N 3
struct stud_type
{
    char name[10];
    int num;
    int score;
}stud[N+1];
int main(void)
{
    int i;
    FILE *fp;
    if((fp=fopen(_____))==NULL)   /*打开文件 stud_dat.bin*/
    {
        printf("文件打开错误!\n");
        exit(1);
    }
    printf("请输入要追加的学生信息:");
    /*从键盘输入要追加的学生信息*/
    scanf("%s%d%d",stud[N].name,&stud[N].num,&stud[N].score);
    fwrite(_____);/*将该学生信息写入文件*/
    _____        /*将文件位置指针移到文件开头*/
    for(i=0;i<N+1;i++)
    {
        fread(&stud[i],sizeof(struct stud_type),1,fp);/*从文件读出学生信息存入
数组 stud*/
        /*将学生信息显示在屏幕上*/
        printf("%s   %d   %d\n",stud[i].name,stud[i].num,stud[i].score);
    }
    fclose(fp);
    return 0;
}
```

三、判断题

1. C 语言通过文件指针对它所指向的文件进行操作。（   ）

2. 文件指针和文件的位置指针都是随着文件的读写操作在不断改变。（   ）

3. 用 fopen(文件名,使用方式)打开文件,当使用方式为"r"时,只能读入数据,不能进行写操作。（   ）

4. 以"a"方式打开一个文件时,文件指针指向文件的开始位置。（   ）

5. 打开文件操作不能正常执行时,函数 fopen 返回 -1,表示出错。（   ）

6. 关闭文件操作,对于输出流,会把其对应的内存缓冲区中所有剩余数据写到文件中去;对于输入流,则丢掉缓冲区内容。（   ）

7. fread 函数和 fwrite 函数是一组对文件进行顺序读写操作的函数,它们只能读写二进制文件。（   ）

8. 在顺序存取的文件操作中,可以用 fseek 函数检测当前文件位置指针值。（   ）

9. 将 fp 的文件位置指针移到距离文件尾部之前 16 字节处,采用的函数是 fseek(fp,16,SEEK_END)。（   ）

10. rewind 函数的作用是使文件的位置指针返回到移动前的位置。（   ）

四、阅读程序题

1. 设当前目录下有文件 data.txt,其内容为"Hello World!"。读程序,写出程序运行结果。

```
#include<stdlib.h>
#include<stdio.h>
int main(void)
{
    FILE * fp;
    char ch;
    int count = 0;
    if((fp = fopen("data.txt","r")) == NULL)
    {
        printf("文件打开错误! \n");
        exit(1);
    }
    while((ch = fgetc(fp)) != EOF)
        if(ch >= 'a' && ch <= 'z')
            count++;
    printf("%d",count);
    fclose(fp);
    return 0;
}
```

2. 设文件 num.txt 中存放了一组整数:1 -3 4 0 2 -9 -6 0 -8。读程序,写出程序运行结果。

```
#include<stdlib.h>
```

```c
#include<stdio.h>
int main(void)
{
    FILE *fp;
    int  p=0,n=0,z=0,temp;
    if((fp=fopen("num.txt","r"))==NULL)
    {
        printf("文件打开错误！\n");
        exit(1);
    }
    else
    {
        while(!feof(fp))
        {
            fscanf(fp,"%d",&temp);
            if(temp>0)
                p++;
            else if(temp<0)
                n++;
            else z++;
        }
    }
    printf("%d,%d,%d\n",p,n,z);
    fclose(fp);
    return 0;
}
```

3. 运行程序后，写出文件 test.txt 的内容。

```c
#include<stdio.h>
#include<stdlib.h>
void WriteStr(char *fn,char *str)
{
    FILE *fp;
    if((fp=fopen("test.txt","w"))==NULL)
    {
        printf("文件打开失败。\n");
        exit(1);
    }
    fputs(str,fp);
    fclose(fp);
    return 0;
```

```
    }
    int main(void)
    {
        WriteStr("test.txt","start");
        WriteStr("test.txt","end");
        return 0;
    }
```

4. 读程序，写出程序运行结果。
```
    #include<stdio.h>
    #include<stdlib.h>
    int main(void)
    {
        FILE *fp;
        char a[]="abcde",b[]="123456789";
        char buf[80];
        if((fp=fopen("temp.txt","w+"))==NULL)
        {
            printf("文件打开失败。\n");
            exit(1);
        }
        fputs(a,fp);
        fputs(b,fp);
        rewind(fp);
        fgets(buf,10,fp);
        printf("%s",buf);
        fclose(fp);
        return 0;
    }
```

5. 读程序，写出程序运行结果。
```
    #include<stdlib.h>
    #include<stdio.h>
    char A[5][8]={"Li","Huang","Zhang","Wang","Liu"};
    int a[5]={3,6,6,5,4};    //记录每个字符串的长度。
    int main(void)
    {
        FILE *fp;
        int k;
        char B[5][8];
        if((fp=fopen("student.txt","w"))==NULL)
        {
```

```c
            printf("文件打开错误! \n");
            exit(1);
        }
        for(k=0;k<5;k++)
            fputs(A[k],fp);
        fclose(fp);
        if((fp=fopen("student. txt","r"))==NULL)
        {
            printf("文件打开错误! \n");
            exit(1);
        }
        for(k=0;k<5;k++)
            fgets(B[k],a[k],fp);
        fclose(fp);
        printf("%s\n",B[2]);
        return 0;
    }
```

6. 读程序，写出程序运行结果。

```c
    #include<stdio. h>
    #include<stdlib. h>
    int main(void)
    {
        FILE * fp;
        char a[ ]="abcd";
        if((fp=fopen("temp. txt","w+"))==NULL)
        {
            printf("文件打开失败。\n");
            exit(1);
        }
        fprintf(fp,"%s",a);
        fseek(fp,1,0);
        printf("%c",fgetc(fp));
        printf("%c\n ",fgetc(fp));
        fclose(fp);
        return 0;
    }
```

7. 读程序，写出程序运行结果。

```c
    #include<stdio. h>
    #include<stdlib. h>
    int main(void)
```

```c
    }
        FILE * fp;
        int i,a[4]={1,2,3,4},b;
        if((fp=fopen("data.bin","wb"))==NULL)
        {
            printf("文件打开失败。\n");
            exit(1);
        }
        fwrite(a,sizeof(int),4,fp);
        fclose(fp);
        if((fp=fopen("data.bin","rb"))==NULL)
        {
            printf("文件打开失败。\n");
            exit(1);
        }
        fseek(fp,-2L*sizeof(int),SEEK_END);
        fread(&b,sizeof(int),1,fp);
        fclose(fp);
        printf("%d\n",b);
        return 0;
    }
```

8. 运行程序后，写出文件 abc.txt 的内容。

```c
    #include<stdlib.h>
    #include<stdio.h>
    int main(void)
    {
        FILE * fp;
        char * str1="first";
        char * str2="second";
        if((fp=fopen("abc.txt","a+"))==NULL)
        {
            printf("文件打开错误！\n");
            exit(1);
        }
        fwrite(str2,7,1,fp);
        fseek(fp,0L,0);
        fwrite(str1,6,1,fp);
        fclose(fp);
        return 0;
    }
```

9. 读程序，写出程序运行结果。
```
#include<stdlib.h>
#include<stdio.h>
int main(void)
{
    FILE * fp;
    char i,n;
    int j;
    if((fp=fopen("temp.txt","w"))==NULL)
    {
        printf("文件打开错误！\n");
        exit(1);
    }
    for(i='0';i<='9';i++)
        fprintf(fp,"%3c",i);
    fclose(fp);
    if((fp=fopen("temp.txt","r"))==NULL)
    {
        printf("文件打开错误！\n");
        exit(1);
    }
    for(j=0;j<5;j++)
    {
        fseek(fp,j*6L+2,0);
        fscanf(fp,"%c",&n);
        printf("%3c",n);
    }
    printf("\n");
    fclose(fp);
    return 0;
}
```

10. 在输入 11 后，写出以下程序的输出结果。
```
#include<stdio.h>
#include<stdlib.h>
int main(void)
{
    FILE * fp;
    int i,j;
    int x[20],y[20];
    printf("请输入 j:");
```

```
        scanf("%d",&j);
        if((fp=fopen("test.bin","wb+"))==NULL)
        {
            printf("文件打开失败。\n");
            exit(1);
        }
        for(i=0;i<20;i++)
        {   x[i]=i;
            fwrite(&x[i],sizeof(int),1,fp);
        }
        fseek(fp,j*sizeof(int),0);
        for(i=j;i<j+3;i++)
        {
            fread(&y[i],sizeof(int),1,fp);
            printf("%d ",y[i]);
        }
        fclose(fp);
        return 0;
    }
```

五、编程题

1. 打开文本文件 temp.txt，将其中所有的'a'字符删除，然后输出该文件内容。

2. 有一文本文件 num.txt 中存有形如 -1，0，1，2.5，3，0，-1.2，4，5.5，6，7，0 的数据，编程统计出文件中正数的个数。

3. 有一文本文件 charnum.txt，请编一程序将文件中的英文字母及数字字符显示在屏幕上。

4. 用户从键盘随机输入 5 个学生的学号、姓名、数学成绩、英语成绩，计算总分后写入到数据文件 temp.txt 中。输入时不必按学号顺序进行，程序自动按学号顺序将数据写入文件。

5. 建立文件 data.txt，检查文件指针位置；将字符串 Sample data 存入文件中，再检查文件指针位置。

习题参考答案

习题1 参考答案

一、单项选择题

1.（B） 2.（B） 3.（C） 4.（B） 5.（C） 6.（D） 7.（C） 8.（B）
9.（B） 10.（A） 11.（B） 12.（C） 13.（A） 14.（B） 15.（C） 16.（D）
17.（A） 18.（C） 19.（A） 20.（B）

二、填空题

1. 编译器

2. 编辑器

3. C89，C99

4. 发现并修正错误

5. ；

6. printf( )

7. scanf( )

8. stdio. h

9. 函数体

10. 函数

三、判断题

1. F 2. T 3. F 4. F 5. T 6. T 7. T 8. T 9. F 10. F

习题2 参考答案

一、单项选择题

1.（A） 2.（B） 3.（B） 4.（A） 5.（A） 6.（B） 7.（B） 8.（A）
9.（C） 10.（D） 11.（B） 12.（B） 13.（C） 14.（D） 15.（B） 16.（A）
17.（A） 18.（B） 19.（B） 20.（C） 21.（A） 22.（D） 23.（D） 24.（A）
25.（C） 26.（A） 27.（B） 28.（A） 29.（C） 30.（D）

二、填空题

1. 字母或下划线

2. double/双精度

3. 1

4. 整型、实型、字符型

5. 1
6. double/双精度
7. 7
8. int/整型
9. double/双精度
10. 4、8
11. 3
12. 9, 2
13. 5
14. 0
15. 12; 7; 7
16. y%2==0
17. 0
18. 1
19. 102, f
20. -59

三、判断题

1. F 2. T 3. T 4. F 5. F 6. T 7. T 8. F 9. T 10. T

四、阅读程序题

1. 4 3
2. -12
3. 5, G
4. 2, 1
5. -2

习题 3 参考答案

一、单项选择题

1. (B)	2. (B)	3. (C)	4. (A)	5. (C)	6. (C)	7. (B)	8. (D)
9. (D)	10. (D)	11. (B)	12. (D)	13. (A)	14. (B)	15. (C)	16. (A)
17. (B)	18. (D)	19. (C)	20. (C)	21. (C)	22. (D)	23. (C)	24. (B)
25. (C)	26. (A)	27. (B)	28. (A)	29. (C)	30. (B)		

二、填空题

1. 顺序结构，选择结构，循环结构
2. 解决某个特定问题所采取的方法或步骤
3. scanf( )，printf( )，getchar( )，putchar( )
4. 伪代码，流程图，N-S流程图
5. printf("%6.2f",a);
6. 空格，制表符，换行符
7. a=513.789215

8. 0.333333%

9. CHIN

10. "%6x","%6o","%3c","%10.3f","%8s"

11. i=10，j=20

12. 123.46

13. n1=%d\nn2=%d

14. computer，□□com

15. 12

16. 10，A，10

17. 23

18. "x/y=%d"

19. 666

20. a=3

三、判断题

1. T   2. F   3. T   4. F   5. F   6. F   7. T   8. F   9. F   10. F

四、阅读程序题

1. a=20 b=10

2. 16□□□□□80□□□□□1

3. x=0，y=4，t=0

4. ***x=3

5. a=20 b=30 c=10

6. d1=9876 d2=321 c=5

7. 9875

8. E

9. 43

10. y=32766，z=65535，m=65535

习题4 参考答案

一、单项选择题

1.（A）   2.（D）   3.（D）   4.（D）   5.（C）   6.（D）   7.（C）   8.（C）
9.（B）   10.（B） 11.（D） 12.（B） 13.（B） 14.（B） 15.（A） 16.（D）
17.（D） 18.（C） 19.（D） 20.（B） 21.（B） 22.（B） 23.（B） 24.（A）
25.（D） 26.（A） 27.（D） 28.（D） 29.（C） 30.（D）

二、填空题

1. 0

2. ！ && ||

3. a>5 || a<-5

4. (a>=1&&a<=8)&&(a!=7)

5. fabs(f)<=8*g

6. 1

7. i==j？0：(i>j？1：-1)

8. x==0

9. 17　17

10. 4

11. 2

12. ①y<z　②x<y　③y<z

13. ①c<='z'　②c=c-5　③c<='e'　④c=c+21

14. b>a>0

15. ①M　②M

16. 79

17. -4

18. ①(a+b>c)&&(a+c>b)&&(b+c>a)

19. *　*

20. 2

三、判断题

1. F　2. T　3. F　4. T　5. F　6. T　7. T　8. F　9. F　10. F

四、阅读程序题

1. 6　　4

2. 3

3. c

4. 0.500000

5. 4

6. 1

7. 1

8. 2，0，0

9. passwarn

10. ！#

习题5　参考答案

一、单项选择题

1. (C)　2. (D)　3. (B)　4. (B)　5. (C)　6. (C)　7. (C)　8. (D)
9. (C)　10. (B)　11. (B)　12. (A)　13. (C)　14. (D)　15. (C)　16. (B)
17. (D)　18. (D)　19. (D)　20. (A)　21. (B)　22. (C)　23. (C)　24. (D)
25. (C)　26. (B)　27. (C)　28. (D)　29. (C)　30. (B)

二、填空题

1. 10

2. -10

3. mbohvbhf

4. 254

5. 36

6. * *

7. 54321

8. k=14 n=-1

9. -3

10. 54321

11. i 为 0

12. while 是先判断条件，条件为真才执行循环体；do-while 是先执行循环体，然后判断条件。

13. x=-1，y=21

14. 6

15. 10

16. 1

17. ①i<10   ②j%4！=0

18. a！=b

19. ①c！='！' ②c>='0'&&c<='9'

20. ①100-i*5-j*2 ②k>=0

三、判断题

1. F   2. T   3. F   4. F   5. T   6. F   7. T   8. T   9. F   10. F

四、阅读程序题

1. a=3

2. a=-5

3. -1

4. 1.60

5. 38

6. 7，7

7. m=1

8. 3

9. 0，2，4，6，8，10

10. 18=2*3*3

习题 6 参考答案

一、单项选择题

1.(D)	2.(D)	3.(B)	4.(D)	5.(D)	6.(D)	7.(C)	8.(B)
9.(C)	10.(A)	11.(A)	12.(D)	13.(A)	14.(D)	15.(D)	16.(D)
17.(C)	18.(A)	19.(D)	20.(C)	21.(C)	22.(C)	23.(B)	24.(D)
25.(B)	26.(C)	27.(C)	28.(C)	29.(C)	30.(B)		

二、填空题

1. 有序数据
2. 第一个下标界
3. 越界
4. 数组名
5. 地址
6. 数组元素的个数和类型
7. [常量表达式]
8. 0，4
9. 0，10
10. &a[i]和a[i]
11. &a[i++]
12. 0
13. 0
14. 6
15. 行
16. a[0][0]，a[0][1]，a[1][0]，a[1][1]
17. (i=0；i<10；i++)，(a[i]==x)

三、判断题

1. F　　2. F　　3. T　　4. F　　5. T　　6. T　　7. F　　8. F　　9. F　　10. T

四、阅读程序题

1. 1 3 7 15
2. 852
3. 3，5，7
4. 123456
5. 18
6. 0650
7. 1 2 3
　0 5 6
　0 0 9
8. 15，15
9. 6.10，13.60
10. 1 3 4 5

习题7　参考答案

一、单项选择题

1. (D)　　2. (A)　　3. (C)　　4. (C)　　5. (C)　　6. (D)　　7. (C)　　8. (A)
9. (B)　　10. (D)　　11. (C)　　12. (C)　　13. (C)　　14. (B)　　15. (D)　　16. (B)
17. (A)　　18. (A)　　19. (C)　　20. (B)　　21. (B)　　22. (D)　　23. (A)　　24. (C)
25. (B)　　26. (B)　　27. (D)　　28. (B)　　29. (D)　　30. (A)

二、填空题

1. Int
2. ① float fs(float x, float y)　② float z
3. ① int s=0, i；　② s+a[i]
4. double max
5. 1
6. 5
7. 3, 2, 2, 3
8. 4
9. 120
10. ① a[i-1]　② a[9-i]
11. 84
12. ①内部函数；②外部函数（注意：答案与顺序无关）
13. 2 和 1
14. 5, 5, 0, 5,
15. x=2
16. ① k+1；i++　② n%10
17. 31
18. s=11
19. 3+DIF(n-1)
20. ① -f　② fun(12)

三、判断题

1. F　2. T　3. F　4. T　5. T　6. F　7. T　8. F　9. T　10. T
11. F　12. T　13. F　14. F　15. T　16. F　17. T　18. T　19. T　20. F

四、阅读程序题

1. cdeab
2. ①&a[i]　②a[i]
3. 1, 3, 2
4. 5 3 3 5
5. m=fun(a, 4)+fun(b, 4)-fun(a+b, 3)；
6. 8, 17
7. 024
8. 6
9. 4, 7, 5
10. 12
11. 9
12. x=1, y=1, x=1, y=2, x=1, y=3, x=1, y=4,
13. i=6, j=720
14. 7 8 9
15. 3

16. 8
17. 16
18. 7
19. 10
20. 8

习题 8 参考答案

一、单项选择题

1.（A） 2.（B） 3.（C） 4.（C） 5.（B） 6.（C） 7.（D） 8.（A）
9.（D） 10.（B） 11.（A） 12.（B） 13.（A） 14.（A） 15.（C） 16.（D）
17.（D） 18.（C） 19.（B） 20.（B） 21.（A） 22.（A） 23.（A） 24.（C）
25.（C） 26.（C） 27.（D） 28.（A） 29.（A） 30.（D）

二、填空题

1. 地址 NULL
2. 0 8
3. 7
4. 6
5. 0
6. 4
7. *(a+n)!=x&&n<10
8. 4
9. *p<min? *p:min
10. 1 2 4 8
11. 16
12. *p>*q? swap(p,q):1
13. 8
14. *q=**p, t=*p+1
15. a[0][0] a[1][2]
16. 12
17. 1
18. double(*p)(double a, double(*q)(double x));
19. 7，8，7
20. void(*foo(int))(int *, int, char);

三、判断题

1. F 2. F 3. F 4. T 5. T 6. F 7. T 8. F 9. T 10. T

四、阅读程序题

1. 3，3
   9，4
2. 86，210

3. 6 5 4 3 2 1
4. 26
5. -4 11 5 79 45 32 15 8 67 96
6. 6 7 8 9
7. 47 44 21 15
8. 1 3 6 10
9. 146,-33.67,2
10. 9682

习题9 参考答案

一、单项选择题

1.（D）   2.（C）   3.（C）   4.（A）   5.（B）   6.（D）   7.（A）   8.（A）
9.（C）   10.（D）   11.（B）   12.（C）   13.（C）   14.（B）   15.（D）   16.（C）
17.（D）   18.（B）   19.（A）   20.（C）   21.（C）   22.（A）   23.（B）   24.（D）
25.（B）   26.（A）   27.（C）   28.（B）   29.（D）   30.（B）

二、填空题

1. '\0'
2. str1[i]！='\0'   str1[i]-str2[i]
3. n%base   i--   b[index]
4. 123456
5. sign=-1   num=num*10+temp   num*=sign
6. PostgreSQL，10
7. cytgah␣ur
8. p+=2   *(q+1)=*q   len=strlen(str)
9. 49352
10. ps++，pe--
11. acegibdfhj
12. index[*p]
13. q=*p,s=in_name   q=='\0'&&*s=='\0'
14. *t++=*p++   *(q-1)=*q
15. ptJavaScri
16. ?72A#6uy
17. #9
18. strcmp(a[j-1],a[j])<0   strcat(str,a[N-i])   strcat(str,a[0])
19. *(ps1+len2)=*ps1   ps1++，ps2++
20. Bob␣Lili␣Mary␣John␣

三、判断题

1. T   2. T   3. F   4. F   5. T   6. F   7. T   8. F   9. F   10. F

四、阅读程序题

1. hafcdebg
2. c t'aimcJ
3. 555766
4. num=9
5. a=1，b=5，c=3，d=8
6. Thy r stdnts.
7. HdHdHdHdHd
8. 8，08101979
9. abba
10. progr

习题 10 参考答案

一、单项选择题

1.（A）	2.（A）	3.（D）	4.（D）	5.（D）	6.（C）	7.（C）	8.（D）
9.（D）	10.（D）	11.（C）	12.（C）	13.（C）	14.（C）	15.（C）	16.（C）
17.（B）	18.（B）	19.（B）	20.（C）	21.（D）	22.（D）	23.（C）	24.（A）
25.（A）	26.（C）	27.（B）	28.（C）	29.（C）	30.（A）		

二、填空题

1. struct   struct student   stu
2. sizeof(stu)
3. 76
4. 51，60，21
5. old=q->age   q->name，q->age
6. struct object * next
7. p！=NULL   c++   p->next
8. s->next=p->next   p->next=s   p->next=p->next->next
9. p->prior->next=p->next   p->next->prior=p->prior
   s->prior=p->prior   p->prior->next=s
   s->next=p   p->prior=s
10. struct link * head   p->data   p->next
11. struct link * * s   p->next   (* * s).data
12. 3，3
13. q->next=p->next   p=p->next
14. 常量
15. 2，3
16. %lf   num.x
17. 12   6.0
18. 11

19. Owen

20. enum   enum list   color1

三、判断题

1. F   2. F   3. F   4. T   5. T   6. T   7. F   8. F   9. T   10. T

四、阅读程序题

1.

The size of struct student is 36.

The size of s is 36.

2.

The size of struct student is 28.

The size of s is 28.

3. The size of kk is 8.

4. The size of kk is 4.

5. 66,66

6. 3,259

7. 25

8. Andy, 21

9. 2, 2, 3, 3

10. 1, 6

习题 11   参考答案

一、单项选择题

1.（B）   2.（A）   3.（B）   4.（B）   5.（B）   6.（D）   7.（D）   8.（B）

9.（B）   10.（B）   11.（A）   12.（C）   13.（C）   14.（C）   15.（D）   16.（D）

17.（C）   18.（D）   19.（C）   20.（C）   21.（D）   22.（A）   23.（A）   24.（B）

25.（B）   26.（A）   27.（B）   28.（A）   29.（B）   30.（C）

二、填空题

1. 顺序，随机

2. 文本文件，二进制文件

3. 文件指针，stdio. h，FILE

4. 文件，文件的位置

5. "data. bin","rb"

6. 9, buf, buf 的首地址

7. a, sizeof(int), 10, fp 或 a, 10 * sizeof(int), 1, fp

8. stu, sizeof(struct st), 50, fp 或 stu, 50 * sizeof(struct st), 1, fp 或去掉 struct

9. fseek(fp, -32, SEEK_ CUR)

10. rewind, fseek

11. 关闭文件

12. "new. txt","w"（或"w+"）

fclose(fp)

13. abc

14. "old. bin","rb"

"new. bin","wb"

！feof(old)

fgetc(old)

15. buf，80，fp

16. Hell

17. 1234

18. 456

19. fp,0,SEEK_END

ftell(fp)

20. "stud_dat. bin","ab+"

&stud[N],sizeof(struct stud_type),1,fp

rewind(fp)；

三、判断题

1．T 2．F 3．T 4．F 5．F 6．T 7．F 8．F 9．F 10．F

四、阅读程序题

1. 小写字母个数8

2．3，4，2(正、负、0 的个数)

3. end

4. abcde1234

5. Zhang

6. bc

7. 3

8. second first

9．0 2 4 6 8

10．11 12 13

参考文献

[1] 汪同庆，刘英等. C语言程序设计实验与习题[M]. 武汉：武汉大学出版社，2009.
[2] 谭浩强等. C语言程序设计(第四版)学习辅导[M]. 北京：清华大学出版社，2010.
[3] 张曙光等. C语言程序设计实验与习题[M]. 北京：人民邮电出版社 2014.